高职高专计算机教学改革 **新体系** 规划教材

网页设计
与制作及实训教程

杜永红 主 编

樊学东 罗正蓉 谢恬 胡一波 王姝 **副主编**

清华大学出版社
北 京

内 容 简 介

本书以商务网站规划、网页设计与制作所具备的能力要求及职业综合能力培养为目标,重视校企合作,以工作过程为主线,将教、学、做融于一体,并以强化实训为特色编写而成。

本书系统地介绍了网页设计与制作的基础知识、网页编辑软件 Dreamweaver CS5、网页图像处理软件 Fireworks CS5 和网页动画制作软件 Flash CS5 等内容。共分为五大单元:网页设计—网络基础知识、网站编辑、利用 Fireworks 设计网页界面、利用 Flash 设计网页动画特效和网站建设综合实训。每个单元之间既有独立性,又有关联性,每个单元包含若干个工作任务,通过实例导入、理论知识讲解、布置实训任务,达到学习目的。

通过本书的学习,学生能获得从事网页编辑、网页美工创意、网页动漫设计、网页制作等工作岗位的相应技能。本书适合作为高职高专院校计算机、电子商务、艺术设计等专业的教材,也可作为信息技术培训机构的培训用书,还可作为网页设计与制作人员、网站建设与开发人员、多媒体设计与开发人员的参考书。

本书为陕西省精品课程"网页设计与制作"的配套教材,精品课程网址: http://jpkc. xijing. edu. cn/web,提供电子课件、电子教案、教学大纲、建站素材、实训指导、视频教程等立体化资源,读者也可以从清华大学出版社网址 www. tup. com. cn 下载。

图书在版编目(CIP)数据

网站设计与制作及实训教程/杜永红主编. --北京:清华大学出版社,2013 (2017.1 重印)
高职高专计算机教学改革新体系规划教材
ISBN 978-7-302-32830-8

Ⅰ. ①网… Ⅱ. ①杜… Ⅲ. ①网页制作工具-高等职业教育-教材 Ⅳ. ①TP393.092

中国版本图书馆 CIP 数据核字(2013)第 136335 号

责任编辑:陈砺川
封面设计:傅瑞学
责任校对:刘　静
责任印制:何　芊

出版发行:清华大学出版社
　　　　网　　　址:http://www. tup. com. cn, http://www. wqbook. com
　　　　地　　　址:北京清华大学学研大厦 A 座　　　邮　　编:100084
　　　　社 总 机:010-62770175　　　　邮　　购:010-62786544
　　　　投稿与读者服务:010-62776969,c-service@tup. tsinghua. edu. cn
　　　　质 量 反 馈:010-62772015,zhiliang@tup. tsinghua. edu. cn
　　　　课 件 下 载:http://www. tup. com. cn,010-62795764
印 装 者:北京鑫海金澳胶印有限公司
经　　销:全国新华书店
开　　本:185mm×260mm　　印　张:15.5　　字　数:357 千字
版　　次:2013 年 7 月第 1 版　　印　次:2017 年 1 月第 3 次印刷
印　　数:4001~5000
定　　价:31.00 元

产品编号:050264-01

前 言

随着计算机网络的迅速发展,Internet 已经成为我们生活中不可或缺的重要组成部分。政府机关通过网站实现电子政务;企业利用网站展示企业形象、推广产品并进行电子商务活动;个人建立一个具有独特风格的网站来展示与宣传自我。因此,搭建网站、设计精美的网页可吸引浏览者成为大家共同关注的目标。学校里和社会上涌现出了大量的网页设计爱好者,他们迫切希望尽快学习网页设计与制作的知识,并将其应用于网站建设的实践中。

2008 年,《网页设计与制作及实训教程》(第 1 版)出版,已经重复印刷 6 次。本书与时俱进,将应用软件进行了更新,并更换和修订了大量案例,力求"理论够用即可,突出能力结构的培养"。通过本书的学习,学生可熟练运用软件进行网页编辑、网页界面设计、网页动画特效设计;学生可获得商务网站建设的自主策划与设计能力的训练,并能获得从事网页编辑、网页美工创意、动漫设计、网页设计等工作的相应技能。

一、本书的内容

单 元	内 容		目 的
网页设计—网络基础知识	任务 1.1	了解 Internet 基础	了解 Internet 发展历程;学会用 Notepad(记事本)写基本 HTML 并生成简单网页
	任务 1.2	了解网页设计与制作工具	
	任务 1.3	掌握 HTML 语言	
网站编辑	任务 2.1	创建站点	使用 Dreamweaver CS5 软件进行网站的创建、网页的布局、网页的编辑
	任务 2.2	制作页面	
	任务 2.3	网页布局技术	
	任务 2.4	网页布局新技术——CSS+Div	
	任务 2.5	使用表单	
	任务 2.6	应用模板与库	
	任务 2.7	制作多媒体站点	
利用 Fireworks 设计网页界面	任务 3.1	了解图像基础及色彩应用	利用 Fireworks CS5 软件进行网站首页、栏目页、内容页的平面设计、动画设计、交互效果设计
	任务 3.2	制作静态图像	
	任务 3.3	制作动画图像	
	任务 3.4	制作动态交互图像	
	任务 3.5	设计网站首页	

续表

单　　元	内　　容	目　　的
利用 Flash 设计网页动画特效	任务 4.1　实例导入：制作 Flash MTV 任务 4.2　了解 Flash 任务 4.3　掌握 Flash 的基本功能 任务 4.4　应用 Flash CS5 设计动画 任务 4.5　制作 Flash MTV	利用 Flash CS5 设计网页动画特效
网站建设综合实训	任务 5.1　规划站点 任务 5.2　素材准备与站点设计 任务 5.3　网页制作 任务 5.4　Web 服务器的配置 任务 5.5　站点的上传与发布 任务 5.6　站点的维护与更新	理解并掌握设计、制作网站的基本工作流程与方法

二、本书的特点

1. 以能力的培养和提高为目标来构建教学内容

构建教学内容时，首先是布置学习目标，通过案例引入，分析案例，说明每个任务的学习目的，以企业网站建设项目作为主线展开，介绍网站设计与制作的全过程，将理论与实践完美地结合，把实用技术作为重点。

2. 教材的编写满足社会的需求

以商务网站策划、网页设计与制作所应具备的能力要求及职业综合能力培养为编写目标，重视校企合作，以工作过程为主线，以教、学、做融于一体为方法，完成教材的开发与设计。

在教材设计中遵循的理念：内容以工作需求为目标；教学组织以工作过程为主线；教学实施以实际工作为场景；表现形式以真实项目为载体；学习考核以职业资格为依据。

三、本书的配套资料全

作为陕西省精品课程"网页设计与制作"的配套教材，本书的教学资源非常全面，有全套的电子课件、电子教案、教学计划、教学大纲、建站资源和实训指导、视频教程，以及书中用到的案例集、彩色样图均可在 http://jpkc.xijing.edu.cn/web 网站下载，或发邮件至 susan0513@sina.com 索取资料。

杜永红负责教学大纲和教学计划的编写，并负责本书的统稿工作。单元 1 由樊学东编写，单元 2 由罗正蓉、谢恬、胡一波、王姝、张媛、王冬霞、文小森、危小波编写，单元 3 和单元 4 由杜永红编写，单元 5 由杜永红和梁林蒙编写。由于作者水平有限，书中难免有不足与错误之处，敬请广大读者批评指正。

杜永红

2013 年 1 月

目 录

CONTENTS

Chapter 1

单元 1

网页设计—网络基础知识

本单元主要介绍了在开始网页设计之前需要了解的网络知识,如网络基本理论、网页设计与制作工具、HTML 语言等。

【单元学习目标】

- 了解 Internet 发展历程;
- 通过访问 Internet 体会其提供的网络服务;
- 理解网站访问的基本原理,域名、IP、URL 的联系;
- 简单应用网页编辑工具 Dreamweaver;
- 简单应用图形和图像处理工具 Photoshop 和 Fireworks;
- 简单应用动画设计工具 Flash;
- 用 Notepad(记事本)编写 HTML 代码,生成简单网页。

任务 1.1　了解 Internet 基础

1.1.1　Internet 概述

Internet 是相互连接的网络集合。网络协议是网络中的设备进行通信时共同遵循的一套规则,即在网络中以何种方法获得所需的信息。

Internet 最初并不是为商业性和广泛使用而设计的。它起源于 1969 年美国国防部高级研究计划署协助开发的 ARPANET。ARPANET 最初是只允许国防部人员进入的封闭式网络。到 1987 年,在美国国家科学基金会的推动下,ARPANET 从之前的主要用于军事用途转向科学研究和民事用途,形成了今天的 Internet 主干网雏形 NSFNET。全球网络的发展是空前快速且出人意料的。今天,查阅电子邮件、访问喜爱的网站等活动已融入我们的日常生活。

从国内 Internet 的发展历程来看,1994 年 4 月,中国科学院计算机网络信息中心正式接入 Internet。在 10 多年的时间里,中国 Internet 经历了飞速的发展,据中国互联网络信息中心(CNNIC)发布的第 30 次《中国互联网络发展状况统计报告》中显示,截至 2012 年 6 月底,中国网民数量达到 5.38 亿;此外,网站数、IP 地址等也迅速增长,从域名、网站数、IP 地址等增长情况来看,我国互联网资源得到了全面提升。

Internet 所提供的服务主要是 WWW、E-mail、FTP、在线聊天、网上购物、网络娱乐等,而其中 WWW 和 E-mail 是最常使用的服务。

1.1.2 WWW

通过 WWW(World Wide Web,万维网),客户端只要通过"浏览器"(Browser)就可以非常方便地访问 Internet 上的服务器端,迅速地获得所需的信息,如图 1.1 所示。

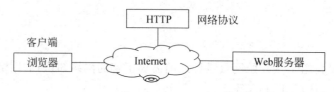

图 1.1　WWW 组成示意图

WWW 是一个容纳各种类型信息的集合,信息主要以超文本标记语言(HTML)编写的网页形式分布在世界各地的 Web 服务器上。用户使用浏览器来浏览,信息以网页的形式显示在用户显示器屏幕上。浏览器与服务器之间的信息交换使用超文本传输协议(HTTP)。

1.1.3 网页与网站

什么是网页? 什么是网站? 两者有什么样的联系与区别呢?

构建 WWW 的基本单位是网页。网页中包含所谓的"超链接",通过已经定义好的关键字和图形,只要用鼠标轻轻一点,就可以自动跳转到相应的其他文件,获得相应的信息,实现网页之间的链接,从而构成了 WWW 纵横交织的网状结构。

通过超链接连接起来的一系列逻辑上可以视为一个整体的页面,就称为网站。

网站的概念是相对的,大的网站如新浪、搜狐等门户网站,页面非常多,可能分布于多台服务器上;小的网站如一些个人网站,可能只有几个页面,仅在某台 Web 服务器上占据很小的空间。

一个站点的起始页面通常被称为"主页"或"首页"。主页/首页是一个网站的开始页面,因此主页/首页的好坏决定了这个网站的访问情况。一般主页/首页的名称是固定的index. htm、index. html 或是 default. htm 等。

1.1.4 域名、IP 地址和 URL

在 Internet 上的每台网络设备都要有一个唯一的地址才能被访问到,这个地址就是IP 地址,目前多使用的 IP 为 IPv4,IPv6 协议也已开始使用,不久将取代 IPv4 协议。

1. IPv4

按照 TCP/IP 协议栈中的 IPv4 协议规定,IP 地址是由 32 位的二进制数值构成的。将这个二进制数值分成 4 组,每组 8 位,转化为十进制后,用点分隔表示出来,例如 202.100.4.11。

（1）IP 地址结构

IP 地址的结构分为"网络地址＋主机地址"。同一网络上的所有设备都有相同的网络地址，比如路由器只存储每一个网段的网络地址（代表了该网段内的所有主机）。常用的 IP 地址分为 A、B、C 三类，如图 1.2 所示。

	0 1 2 3	8	16	24	31
A	0	网络号	主机号		

	0 1 2 3	8	16	24	31
B	1 0	网络号	主机号		

	0 1 2 3	8	16	24	31
C	1 1 0	网络号	主机号		

图 1.2　IP 地址的分类

① A 类地址的前 8 位代表网络地址，后 3 个 8 位代表主机地址。A 类地址的范围为 1.0.0.0～126.255.255.255。A 类地址用于超大型的网络，能容纳 1600 多万台主机。

② B 类地址的前 2 个 8 位代表网络地址，后 2 个 8 位代表主机地址，B 类地址的范围为 128.0.0.0～191.255.255.255。B 类地址一般用于中等规模的网络，能容纳 6 万多台主机。

③ C 类地址的前 3 个 8 位代表网络地址，后 8 位代表主机地址。C 类地址的范围为 192.0.0.0～223.255.255.255，C 类地址一般用于小型网络，仅能容纳 256 台主机。

（2）特殊的 IP 地址

① "127"开头的 IP 地址，用于回路测试，如 127.0.0.1 可以代表本机 IP 地址，用 "http://127.0.0.1"就可以测试本机中配置的 Web 服务器。

② IP 地址为 0.0.0.0 对应当前主机；IP 地址为 255.255.255.255 是当前子网的广播地址。

③ 公有 IP 和私有 IP。公有地址（Public Address）由 Inter NIC（因特网信息中心）负责。这些 IP 地址分配给注册并向 Inter NIC 提出申请的组织机构，通过它直接访问 Internet。

私有地址（Private Address）属于非注册地址，专门为组织机构内部使用。以下列出留用的内部私有地址。

A 类：10.0.0.0～10.255.255.255

B 类：172.16.0.0～172.31.255.255

C 类：192.168.0.0～192.168.255.255

2. IPv6

随着互联网的迅速发展，IPv4 定义的有限地址空间将被耗尽，地址空间的不足必将妨碍互联网的进一步发展。为了扩大地址空间，通过 IPv6 重新定义地址空间。IPv6 采用 128 位地址长度，几乎可以不受限制地提供地址。在 IPv6 的设计过程中除了解决地址短缺问题以外，还考虑了在 IPv4 中解决不了的其他一些问题，主要有端到端 IP 连接、服务质量(QoS)、安全性、多播、移动性、即插即用等,有兴趣的读者可查阅相关网络技术方面的参考书籍。

3. 域名的分类

IP 地址是一串难以记忆的数字,因此从 1985 年开始就引入了域名的概念,用具有含义的字符来表示网络中的主机,以便于浏览者访问。通过 DNS 域名解析系统将域名解析到相应的 IP 地址上,域名与 IP 地址之间为对应关系。

域名系统是一个分层的树状结构组织,最上层是一个无名的根域,下层为顶级域名,接着是二级域名……

顶级域名的分类有两种:一种是按组织机构进行分类,另一种是按国家或地区进行分类,如图 1.3 所示。

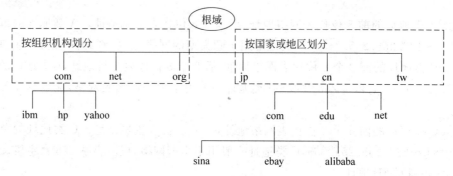

图 1.3   域名结构

美国采用以组织机构分类的形式,而其他国家按地理划分来分类,用代表国家或地区的缩写作为顶级域名。中国国内域名由中国互联网络信息中心控制,网址为 www.cnnic.net.cn。

按组织分类的顶级域名见表 1.1。按地理区域分类的顶级域名见表 1.2。

表 1.1   按组织分类的顶级域名

域　名	域 名 机 构	新 增 域 名	域 名 机 构
com	商业机构	biz	商务域名
edu	教育机构	cc	公司域名
gov	政府部门	Tel	名片域名
Int	国际性机构	Info	信息域名
mil	军队	name	姓名域名
net	网络机构	tv	媒体域名
org	非营利机构	mobi	手机域名

域名的书写格式为:叶节点名.二级域名.顶级域名。例如:www.sohu.com,www 表示 Web 服务器名,sohu 表示企业名称,com 表示顶级域名。

表1.2 按地理区域分类的顶级域名

域　　名	国家和地区	全　　称	域　　名	国家或地区	全　　称
cn	中国	China	ru	俄罗斯	Russia
ca	加拿大	Canada	tw	中国台湾	Taiwan
jp	日本	Japan	hk	中国香港	Hong Kong
kr	韩国	Korea	us	美国	United States

任务1.2　了解网页设计与制作工具

目前网页制作工具较多,大多数网页的制作都是通过"所见即所得"的编辑工具完成的。在网页制作过程中,还需要通过图形和动画制作工具进行素材的创作和加工。

1.2.1　网页编辑工具

网页编辑工具主要分为标记型和所见即所得型。标记型工具常用的是 Notepad(记事本)、Ultraedit 等。Ultraedit 是一套很好用的文本编辑器,附有 HTML 标签颜色显示、搜寻替换以及无限制的还原功能。

所见即所得型的编辑主流软件有微软的 FrontPage 和 Adobe 公司的 Dreamweaver。FrontPage 继承了 Office 系列软件的界面通用、操作简单的特点,十分适合初学者使用。

但 FrontPage 与 Dreamweaver 相比,在 HTML 源代码的精确性、实用性以及对各种新技术的支持上都略逊一筹。本书主要介绍的网页编辑工具是 Dreamweaver。

1.2.2　图形和图像处理工具

目前常用的图形和图像处理工具主要是 Adobe 公司出品的著名的图形图像处理软件 Photoshop 和 Fireworks。

Photoshop 的功能十分强大,是目前使用最为广泛的专业图形图像处理软件之一。它捆绑了 Image Ready,能够实现各种专业化的图像处理及动画的制作等。Photoshop 的工作界面如图1.4所示,有兴趣的读者可查阅相关的参考书研究和学习。

Fireworks 是首选 Web 图形图像处理软件。它的独特之处在于能够优化处理大图片、切割图片、为图片加入特殊效果、制作网页的动态行为等,可以生成 Fireworks HTML,直接导入到网页中,使用非常方便。本书将在以后的章节加以详细介绍。

1.2.3　动画设计工具

Flash 是目前网页制作中最为出色的动画设计软件,它是一种交互式动画设计工具,用它可以将音乐、声效、动画以及富有新意的界面融合在一起,可以制作出高品质的网页动态效果。Flash 所使用的图形是压缩的矢量图形,采用了网络流式媒体技术,突破了网络带宽的限制,可以边下载边播放,这样既避免了用户长时间的等待,设计者又可以随心所欲地设计出高品质的动画。Flash 已经慢慢成为网页动画的标准,成为一种新兴的技

图 1.4　Photoshop 工作界面

术发展方向。本书将在以后的章节加以详细介绍。

任务 1.3　掌握 HTML 语言

网页的本质是超文本标记语言 HTML。超文本使网页之间具有跳转能力，使浏览者可以选择阅读路径。

使用 HTML 编写的 Web 页面称为 HTML 文件，这种文件一般以 html 或者 htm 为扩展名，使用网页编辑工具创建 HTML 文件。

1.3.1　HTML 语法结构

HTML 文件的所有控制语句称为标签，标签在一对尖括号之间，格式如下：

<标签>HTML 语言元素</标签>

标签分为成对标签和非成对标签，例如<table>…</table>为成对标签，而
、<hr>等属于非成对标签。标签忽略大小写，书写格式非常灵活。可使用标签的属性来进一步限定标签，一个标签可以有多个属性项，各属性项的次序不限定，各属性项之间用空格来进行分隔。例如：

<img src="images/girl.gif" width="100" height="87">

HTML 中使用的注释语句为<!--注释内容-->，注释内容可插入在 HTML 代码的任何位置，注释内容不会显示在网页中。例如：

<!--我是有名的网页设计大师，看我做的网站是不是非常漂亮？-->

【例 1.1】 一个简单的 HTML 文件如下。运行结果如图 1.5 所示。

```
<html><head>
<meta http-equiv="Content-Type" content="text/html; charset=gb2312">
<title>带你进入网络世界</title></head>
<body>
    <h1>Dreamweaver CS5 带你进入网络世界</h1>
    <h2>你准备好了吗?</h2>
    <p><img src="images/bigmap.gif" width="370" height="235" border="0"></p>
    <p><a href="http://www.adobe.com">网页三剑客</a></p>
</body>
</html>
```

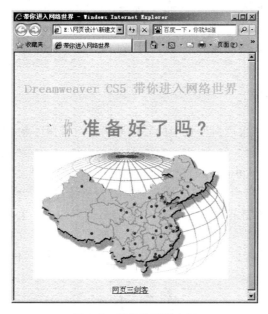

图 1.5 简单的网页实例

1.3.2 常见的 HTML 标签

1. <html>…</html>

此标签用于标识 HTML 文件的开始与结束。中间是一些 HTML 语言的元素,它允许网络浏览器把文件内容确认为 HTML 文件。

2. <head>…</head>

此标签为头部标签,其中的信息不会出现在网页中。但其中包含了许多网页的属性信息,例如网页的题目、关键词、说明、网页类型和语言编码等。

(1) <title>…</title>标题标签。网页的标题将会显示在浏览器的标题栏上。

(2) <meta>…</meta>标签。它包括了 MIME 字符集信息、网页关键字、网页说明信息等,这些信息有助于网站的推广。

3. <body>…</body>

此标签为主体标签,它是文档的主干,包含了文档的内容,可以通过多种途径来表现这些内容。对于浏览器,可以把主体想象成一张画布,在画布上出现文字、图像、视频等。

(1) <p>…</p>

段落标签,中间是一段文字的内容,可以设置其属性来对文字进行排版。

(2) <font>…</font>

字体标签,可通过设置其属性来美化字体。

(3) <hn>…</hn>

标题标签,n 的取值从 1~6,即标题 1、标题 2……标题 6。

(4) <img>

图像标签,设置网页中图像的来源、尺寸、对齐方式和说明等。

(5) <a>…</a>

超链接标签,设置超链接的链接路径和链接目标等。

(6) <table>…</table>

表格标签,通过表格可以对网页中的其他元素进行排版。构成表格标签的基本标签有以下几种。

① <caption>…</caption>表格标题标签,定义表格的标题。

② <tr>…</tr>表格的行标签,定义表格中的一行。

③ <td>…</td>表格的单元格标签,定义表格行中的一个单元格。

④ <th>…</th>表头的单元格标签,定义表格内的表头单元格。

读者想了解更多的信息,可查阅 HTML 相关书籍进行研究和学习。

单 元 小 结

本单元主要介绍了以下内容。

(1) 网络基础知识:

• Internet 的起源与发展、国内 Internet 的发展现状;

• WWW 的概念,WWW 的访问方式及网络协议;

• 域名和 IP 地址的概念,以及两者之间的关系。

(2) 网页制作工具:网页编辑工具、图像及动画制作工具。

(3) HTML 语言概述。

练 习 题

1. 选择题

(1) 目前,在 IPv4 协议中,IP 地址是( )的二进制地址。

  A. 8 位   B. 16 位   C. 32 位   D. 64 位

（2）下列不属于 Adobe 公司产品的是（ ）。

  A. Dreamweaver B. Fireworks   C. Flash   D. FrontPage

（3）通常网页的首页被定义为（ ）。

  A. index. htm   B. 首页. htm   C. shouye. htm D. 以上都不对

（4）网页的基本语言是（ ）。

  A. JavaScript   B. VBScript   C. HTML   D. C 语言

2．简答题

（1）什么是 Internet？叙述 Internet 的产生与发展。

（2）什么是 WWW？如何访问 WWW？

（3）IP 地址与域名之间的关系如何？

（4）HTML 文件中的标签是否区分大小写？格式有无严格要求？

上 机 实 训

1．实训要求

（1）连接 Internet，打开浏览器，浏览某个网页，查看其源代码，了解 HTML 代码的含义。

（2）打开记事本，试用 HTML 语言编写一个简单的网页，网页中要包含以下内容：网页标题、文本、图像、超链接等。

（3）上网浏览不同的电子商务网站，比如淘宝网、当当网等，分析站点结构、站点风格及网页配色等，写出分析报告。

2．背景知识

根据已经掌握的网络知识和本单元学习的 HTML 语言的知识，编写简单网页的源代码；浏览网站，分析网站的特点。

3．实训准备工作

保证 Internet 连接畅通，学生主机安装相应的网页设计与制作软件 Dreamweaver、Fireworks、Flash 和 Photoshop 等。

4．课时安排

上机实训安排 1 课时。

5．实训指导

（1）如何查看网页源代码？

打开浏览器,单击"查看"菜单→"源文件"命令。

(2) 如何编写 HTML 代码?

打开记事本,手工编写 HTML 代码,注意 HTML 代码的编写顺序及网页元素对应的标签。保存网页时,网页的扩展名为 html 或 htm。

评价内容与标准

评 价 项 目	评 价 内 容	评 价 标 准
编写 HTML 代码	编写 HTML 代码完整、正确	(1) 正确编写 HTML 代码后,生成网页
浏览典型的电子商务网站并对其进行分析	分析网站结构、网站风格、网页配色等,写出详细、准确的分析报告	(2) 网站分析报告详细、准确

评 分 等 级

优	能高效、高质量完成各项能力的实训,并能独立解决遇到的特殊问题
良	能圆满完成各项能力的实训,偶有个别问题需要老师指导
中	能完成各项能力的实训,但有些问题需要同学和老师的指导
差	不能很好地完成各项能力的实训

成绩评定及学生总结

教师评语及改进意见	学生对实训的总结与意见

网 站 编 辑

本单元将主要介绍如何利用 Dreamweaver CS5 进行网站的编辑,包括创建站点、网页布局、应用模板等。

【单元学习目标】

- 了解如何搭建本地站点和如何上传远程站点;
- 了解如何插入页面元素,如文本、图像、图像对象,以及在网页之间添加超链接;
- 重点掌握网页布局如下技术:表格、层、框架、CSS+Div;
- 掌握模板和库在网站编辑中的应用;
- 掌握如何利用表单进行信息反馈调查;
- 掌握如何制作综合性多媒体站点。

任务 2.1 创 建 站 点

2.1.1 认识 Dreamweaver CS5 的工作界面

Dreamweaver 是集网页制作和网站管理于一身的网页制作软件,它是专门为网页设计师量身定制的可视化网页制作软件,利用它可以方便、快捷地制作跨平台和跨浏览器的动感网页。

Dreamweaver CS5 是目前 Dreamweaver 系列产品的功能强大的新版本,它不但在原来版本的功能基础之上进行了改进和升级,而且界面更美观,操作更方便,也更适用于网页制作和网站管理。

1. 工作界面一览

Dreamweaver CS5 的工作界面由"插入"栏、菜单栏、"文档"工具栏、文档窗口、"属性"面板、状态栏、工作面板组等组成,如图 2.1 所示。

2. "插入"栏

"插入"栏包含用于创建网页对象(如表格、层和图像等)的功能按钮。这些按钮被分类组织到各个选项卡中,如图 2.2 所示。当光标移动到一个按钮上时,会出现一个工具提

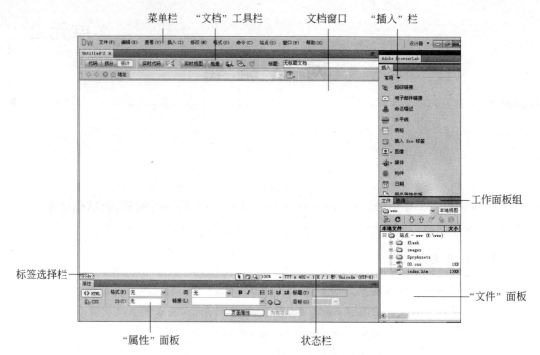

图 2.1　Dreamweaver CS5 的工作界面

示,其中含有按钮的名称,若按钮旁有一个向下的黑色箭头,它就是一个按钮组,单击可选择不同的按钮,执行不同的命令(插入栏可纵向或横向排列)。

图 2.2　"插入"栏

3. 菜单栏

菜单栏提供了程序功能的选项命令,可以通过菜单栏中的命令完成某项特定操作,如图 2.3 所示。

4. "文档"工具栏

"文档"工具栏中主要包含了一些对文档进行常用操作的功能按钮,可在文档的不同视图间进行快速切换:"代码"视图、"设计"视图以及同时显示"代码"和"设计"视图的"拆分"视图等。"文档"工具栏中还包含一些与查看文档、在本地和远程站点间传输文档有关的常用命令和选项,如图 2.4 所示。

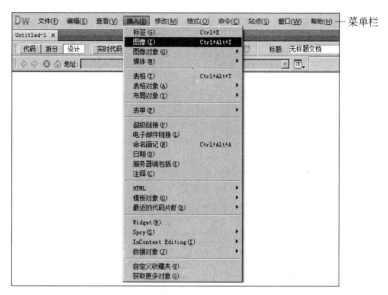

图 2.3 菜单栏

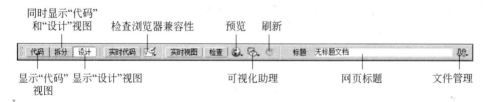

图 2.4 "文档"工具栏

5. 文档窗口

通过文档窗口可以显示、创建和编辑当前文档,可以在"设计"视图、"代码"视图或"拆分"视图中查看和编辑文档。

文档窗口的状态栏位于文档窗口的底部,作用是提供与用户正在编辑的文档有关的某些信息,如当前窗口大小、文档大小和估计下载时间等,如图 2.5 所示。

6. "属性"面板

"属性"面板并不是将所有的属性加载在面板上,而是根据所选择的对象来动态显示对象的属性。"属性"面板的状态完全是随当前在文档中所选择的对象来确定的。例如,当前选择了一幅图像,那么"属性"面板上就出现该图像的相关属性,如果选择了表格,则"属性"面板会相应地变化成表格的相关属性,如图 2.6 所示。

注意:当对文本、单元格等多种网页元素进行属性设置时,"属性"面板中有两个选项:HTML 和 CSS,若选择 HTML 标签,设置的属性则是基于 HTML 标签的;若选择 CSS 标签,设置的属性则是基于 CSS 样式的。

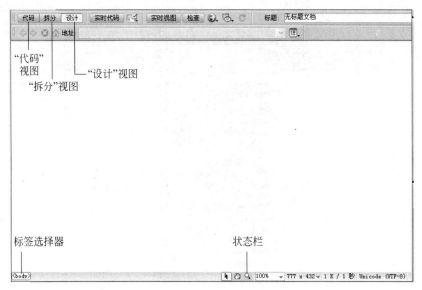

图 2.5　文档窗口

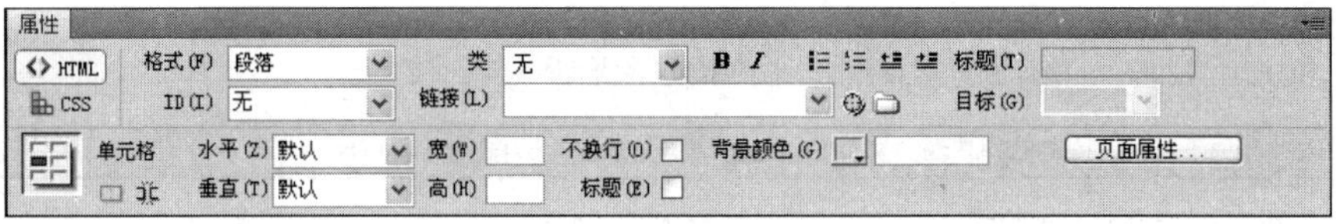

图 2.6　"属性"面板

2.1.2　定义本地站点

在 Dreamweaver 中,"站点"一词既表示 Web 站点,又表示属于 Web 站点的文档的本地存储位置。也就是说,在开始构建 Web 站点之前,需要建立站点文档的本地存储位置。Dreamweaver 站点可组织与 Web 站点相关的所有文档,跟踪和维护链接、管理文件、共享文件以及将站点文件传输到 Web 服务器上。

要制作一个能够被大家浏览的网站,首先需要在本地磁盘上制作站点。放置在本地磁盘上的网站被称为本地站点,传输到位于互联网 Web 服务器里的网站被称为远程站点。Dreamweaver CS5 提供了对本地站点和远程站点强大的管理功能。因而,应用 Dreamweaver CS5 不仅可以创建单独的文档,还可以创建完整的 Web 站点。在 Dreamweaver CS5 中可以有效地建立并管理多个站点。

1. 创建站点

在创建站点前,先在本地硬盘上建一个以英文或数字命名的空文件夹,例如,在 D 盘新建了一个文件夹为 myweb,并在此文件夹中建立子文件夹 images,用于存放图像素材,然后再创建本地站点。

方法一　启动 Dreamweaver CS5,选择"站点"菜单→"新建站点"命令。

方法二

(1) 单击"窗口"菜单→"文件"命令(快捷键 F8),打开"文件"面板,选择"站点"选项,单击下拉列表框中的"管理站点"选项,如图2.7(a)所示,打开"管理站点"对话框,如图 2.7(b)所示。在该对话框中,可以新建站点,也可以编辑、复制、删除站点、导入/导出站点,实现对站点的管理操作。"管理站点"对话框也可以通过单击"站点"菜单→"管理站点"命令打开。在"管理站点"对话框中单击"新建"按钮。

(a)   (b)

图 2.7 利用"文件"面板创建站点

(2) 在弹出"站点设置对象 未命名站点 1"对话框左侧,有"站点"、"服务器"、"版本控制"和"高级设置"四个选项卡,可以在这些选项卡之间切换,对新建站点属性进行设置,如图 2.8 所示。

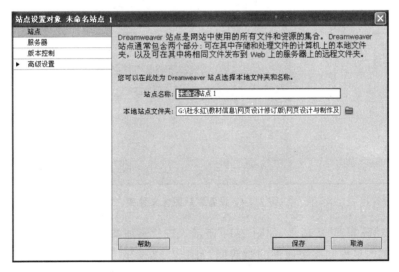

图 2.8 站点设置

(3) 选择"站点"选项卡,在"站点名称"文本框中,输入一个站点名字用于在Dreamweaver 中标识该站点。这个名字可以是任何用户需要的名字(建议不使用汉字命名),此处输入"myweb",并在"本地站点文件夹"文本框中设置站点目录文件夹,如图2.9所示。

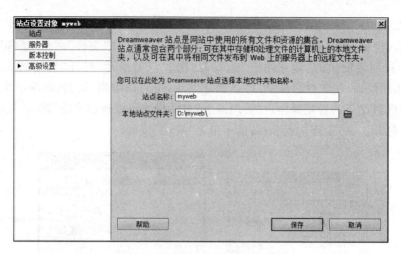

图 2.9　站点命名和设置站点路径

（4）选择"高级设置"选项卡切换至"高级设置"界面，如图 2.10 所示。设置"默认图像文件夹"为 D：\myweb\images（**注意**：图像文件夹应包含在站点目录文件夹中），"链接相对于"选择"文档"选项，Web URL 可不填。

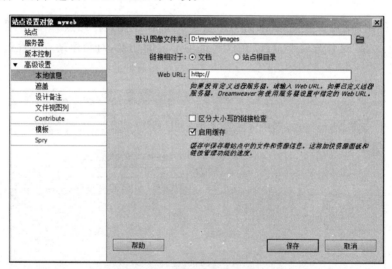

图 2.10　设置默认图像文件夹

（5）选择"服务器"选项卡，如图 2.11 所示，单击"添加新服务器"按钮，将弹出一个设置新服务器基本属性和高级属性的对话框，如图 2.12 所示。

（6）完成以下几步操作，为新服务器添加基本属性和高级属性。

① 打开"基本"选项卡。在"服务器名称"文本框中输入指定服务器的名称，这里为 myweb。"连接方法"选择 FTP；

② 在"FTP 地址"文本框中，输入要将本地站点文件上传到远程 FTP 服务器的地址，FTP 地址是计算机系统的完整 Internet 名称（**注意**：如果不知道 FTP 地址，请与 Web 服务器提供商联系）；

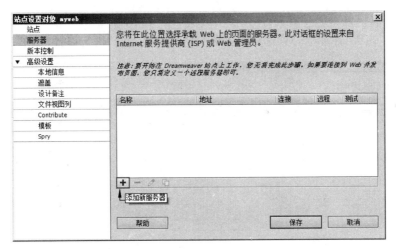

图 2.11 添加新服务器

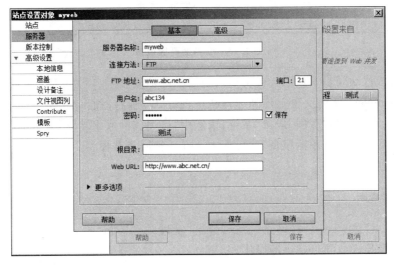

图 2.12 连接远程服务器

③ 端口 21 是接收 FTP 连接的默认端口,如果要修改默认端口号,则可在"端口"右侧的文本框中更改。保存更改设置后,"FTP 地址"的结尾将附加上一个冒号和新的端口号;

④ 在"用户名"和"密码"文本框中,输入用于连接到 FTP 服务器的用户名和密码。单击"测试"按钮,测试 FTP 地址、用户名和密码;

⑤ 在"根目录"文本框中,输入远程服务器上用于存储公开显示的文档的目录。

注意:如果不能确定根目录,请与服务器管理员联系或将文本框保留为空白。在有些服务器上,根目录就是您首次使用 FTP 连接到的目录。若要确定这一点,请连接到服务器,如果出现在"文件"面板"远程服务器"视图中的文件夹具有像 public_html、www 或您的用户名这样的名称,它可能就是您应该在"根目录"文本框中输入的目录。

⑥ 在 Web URL 文本框中,输入 Web 站点的 URL 地址。Dreamweaver 使用 Web

URL 创建站点根目录相对链接,并在使用链接检查器时验证这些链接。

⑦ 单击"高级"选项卡,对"远程服务器"和"测试服务器"进行设置,如图 2.13 所示。

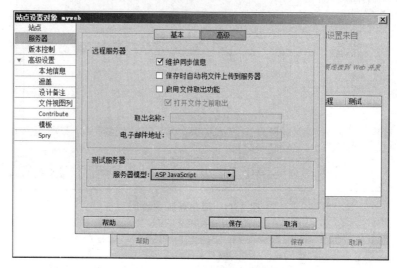

图 2.13 服务器高级设置

如果希望自动同步本地和远程文件,请选择"维护同步信息"复选框;如果希望在保存文件时 Dreamweaver 将文件上传到远程站点,请选中"保存时自动将文件上传到服务器"复选框;如果希望激活"存回/取出"系统,请选中"启用文件取出功能"复选框;如果使用的是测试服务器,请从"服务器模型"列表框中选择一种服务器模型。最后,单击"保存"按钮结束站点的创建。

2. 管理站点

单击"站点"菜单→"管理站点"命令,弹出"管理站点"对话框,进行新建、编辑、删除、复制站点以及导入或导出站点等操作。

下面以修改站点的名称,改变站点对应的本地根文件夹路径为例进行讲解。

(1)单击"管理站点"对话框中的"编辑"按钮,如图 2.14 所示。

(2)弹出"站点设置对象 myweb"对话框,打开"站点"选项卡,在此修改站点的名称、站点的路径等,单击"高级设置"选项卡→"本地信息"命令,修改默认图像文件夹的路径,如图 2.9 和图 2.10 所示。

图 2.14 编辑站点

3. 创建网页

在建好站点之后,就可以创建网页了。

在 Dreamweaver 中,创建网页的方法很多,此处介绍以下三种方法。

方法一 打开"文件"面板,在站点的根文件夹处右击,在弹出的快捷菜单中选择"新建文件"命令。

方法二 启动 Dreamweaver 后,窗口中会出现一个启动界面,单击"新建"下方的HTML 项,即可创建网页,如图 2.15 所示。

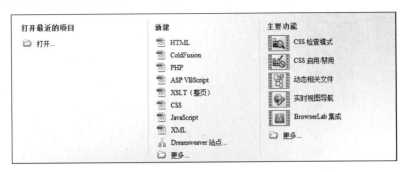

图 2.15 利用启动界面创建网页

方法三 选择"文件"菜单→"新建"命令,弹出"新建文档"对话框,如图 2.16 所示,选择"空白页"选项卡→"页面类型"→"HTML"→"布局"列表中的某项,单击"创建"按钮,即可创建网页,默认名称为 Untitled-1。

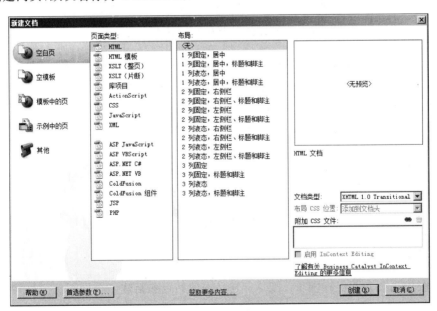

图 2.16 利用"新建文档"对话框创建网页

4. 保存网页

网页在编辑过程或编辑完成后,要及时保存。用户可选择"直接保存"、"另存为"、"保存为模板"等命令。

(1)直接保存文件。选择"文件"菜单→"保存"命令,如果是第一次保存,则会弹出

"另存为"对话框,在"保存在"下拉列表中选择保存文件的位置,在"文件名"文本框中输入要保存文件的名称,如图 2.17 所示;如果不是第一次保存,则会直接覆盖保存。保存网页的组合键为 Ctrl+S。

图 2.17　"另存为"对话框

（2）"另存为"其他文件。选择"文件"菜单→"另存为"文件命令,弹出"另存为"对话框,如图 2.17 所示,将已经保存的文件另存到其他位置,或重新命名保存。

（3）保存为模板。选择"文件"菜单→"另存为模板"命令,弹出"另存为模板"对话框,输入模板的名称,单击"保存"按钮将文件保存为模板。

练　习　题

简述定义本地站点的流程。

上　机　实　训

1. 实训要求

创建站点;创建并保存网页。要求:定义本地站点和新建一个网页。

2. 背景知识

根据任务 2.1 所学的内容,创建站点、创建和保存网页。

3. 实训准备工作

在本地硬盘创建一个空文件夹 myweb,并建一个子文件夹 images。

4．课时安排

上机实训安排 1 课时。

5．实训指导

（1）定义本地站点，新建若干文件夹，如 images、flash 等，有些文件夹可暂时为空，以备将来存放设定的内容。

（2）在定义好的站点下新建一个网页，首页命名为 index. htm、index. html 或是 default. htm。

评价内容与标准

评价项目	评价内容	评价标准
创建站点	（1）站点创建正确 （2）熟练掌握管理站点的方法 （3）创建网站首页	（1）本地站点正确创建 （2）正确创建网站首页

评 分 等 级

优	能高效、高质量完成各项能力的实训，并能独立解决遇到的特殊问题
良	能圆满完成各项能力的实训，偶有个别问题需要老师指导
中	能完成各项能力的实训，但有些问题需要同学和老师的指导
差	不能很好地完成各项能力的实训

成绩评定及学生总结

教师评语及改进意见	学生对实训的总结与意见

任务 2.2 制 作 页 面

2.2.1 实例导入：西部旅游网

【例 2.1】 西部旅游网的网站首页如图 2.18 所示。

该网站包含了若干个网页，在网页中输入文本、插入图像、建立超链接等多种网页元素，所涉及的知识点有以下几点：

- 页面属性的设置；
- 文本的修饰；
- 插入图像；
- 插入图像对象实现特效；
- 在多个网页之间建立超链接。

图 2.18　西部旅游网站首页

2.2.2　设置页面属性

网页制作的第一步是设置页面属性,具体操作步骤如下。

(1) 打开"页面属性"对话框,设置相应的参数。

方法一　单击"属性"面板→"页面属性"按钮,弹出"页面属性"对话框。

方法二　选择"修改"菜单→"页面属性"命令,弹出"页面属性"对话框。

(2) 打开"外观(CSS)"选项卡,如图 2.19 所示,设置"页面字体"为默认字体,"大小"为 14 像素,"背景颜色"为深灰色(♯CCC),上、下、左、右页边距均为 0。

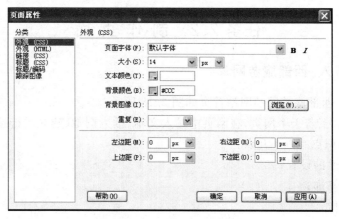

图 2.19　"外观(CSS)"选项卡

注意："外观"选项卡有两类，"外观（CSS）"选项卡的设置是基于 CSS 样式，将自动生成 CSS 样式代码；"外观（HTML）"选项卡的设置是基于 HTML 样式的，将自动生成 HTML 标签。

（3）打开"标题/编码"选项卡，如图 2.20 所示，在"标题"文本框中输入"西部旅游网"，在浏览网页时，网页标题会出现在浏览器的标题栏中，设置网页的编码格式为"简体中文（GB2312）"。

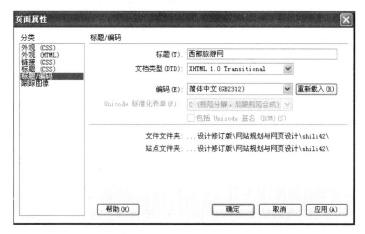

图 2.20　"标题/编码"选项卡

（4）打开"跟踪图像"选项卡，单击"跟踪图像"文本框右侧的"浏览"按钮，选择图片文件，拖动"透明度"滑块来设置跟踪图像的透明度，如图 2.21 所示。

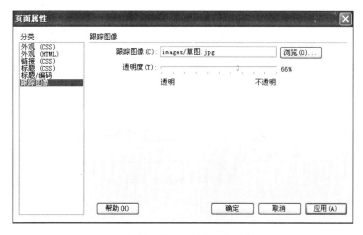

图 2.21　"跟踪图像"选项卡

注意："跟踪图像"是事先用图像设计软件绘制好的网页草图，这种用于设计网页布局的图片不会出现在浏览器中。

（5）最后单击"确定"按钮，完成"页面属性"设置。

2.2.3　修饰文本

修饰文本是最基本的网页制作技能,包括对字体的修饰、调整段落的对齐方式等操作。

1. 输入文本

在网页中输入文本,可直接输入,或在其他应用程序中编辑好并复制文本,然后粘贴到 Dreamweaver 的文档窗口中。下面就文本输入时的一些技巧加以说明。

（1）换行和段落分段

① 换行。单击组合键 Shift＋Enter,或单击"插入"栏→"文本"选项→"字符"按钮组→"换行符"按钮,如图 2.22 所示,其HTML 标签为
。

② 段落分段。单击 Enter 键,其 HTML 标签为<p>。

（2）输入特殊字符

① 输入连续空格。单击"插入"栏→"文本"选项→"字符"按钮组→"不换行空格"按钮,其标签为" ",或切换到中文全角状态,按 Space 键。

② 输入特殊字符。单击"插入"栏→"文本"选项→"字符"按钮组→某个特殊字符按钮,如图 2.22 所示。

图 2.22　特殊字符输入

（3）插入水平线

在网页中插入一条水平线,可以将网页不同类型的元素分隔开,使网页看起来整齐、清晰。单击"插入"栏→"常用"按钮组→"水平线"按钮,如图 2.23 所示。其 HTML 标签为<hr>。选中水平线,可在"属性"面板中设置水平线的属性,包括水平线的高度、宽度、是否有阴影等,如果要修改水平线的颜色,则必须修改 HTML 代码。在"文档"工具栏中,单击"代码"按钮切换到"代码"视图,输入 HTML 代码如下:

```
<hr width="500" size="1" noshade="noshade" color="#00CC00">
```

图 2.23　插入水平线

（4）文本特殊格式

文本的其他特殊格式上包括上标和下标等。

【例 2.2】　输入数学公式: $X^2 + Y^2 = Z_1$。针对其字体的特殊格式——上标与下标的操作步骤如下。

选择"插入"菜单→"标签"命令,弹出"标签选择器"对话框,如图 2.24(a)所示。单击"HTML 标签"选项→"格式和布局"选项,单击 sup(上标标签)或 sub(下标标签),再单击"插入"按钮弹出相应的"标签编辑器"对话框,在"内容"文本框中输入要设置上标或下标的文本,最后单击"确定"按钮,如图 2.24(b)所示。

(a)

(b)

图2.24 "标签选择器"对话框

或在"文档"工具栏中,单击"代码"视图按钮,切换到"代码"视图,直接输入HTML代码:

```
X<sup>2</sup>+Y<sup>2</sup>=Z<sub>1<sub>
```

2. 文本属性的设置

文本属性的设置可通过"属性"面板或"格式"菜单来设置,下面以在"属性"面板中设置文本属性为例进行讲解。

设置文本属性时,有两种选项,即HTML和CSS样式,两者之间可以切换。这里主要讲解基于CSS选项定义文本属性时,设置文本大小、字体样式、字体类型以及文本颜色的方法。

(1)文本大小通常用的单位是像素(px)或是点数(pt),正文通常选择12像素或14像素。

(2)字体样式是指字符的外观样式,例如粗体、斜体、下划线等。

(3)在网页中,文本可设置显示为不同的字体类型,但网页正文一般设置为默认字体。因为如果选择浏览者客户端中未安装的字体,则字体仍以默认字体显示。

(4)文本颜色值以十六进制数值表示。

在"属性"面板中选中 CSS 选项卡,在"目标规则"下拉列表中选择定义新的 CSS 样式,或应用已定义的 CSS 样式,如图 2.25 所示。

图 2.25 文本属性的设置

在"属性"面板中选中 CSS 选项卡,选中文本,在"属性"面板中文本"大小"下拉列表中选择某个选项,如图 2.26 所示。

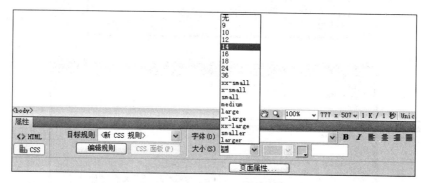

图 2.26 文本大小的设置

在弹出的"新建 CSS 规则"对话框中,将"选择器类型"设置为"类(可应用于任何 HTML 元素)",在"选择器名称"文本框中输入选择器名称,"规则定义"为"(仅限该文档)",最后单击"确定"按钮,如图 2.27 所示。

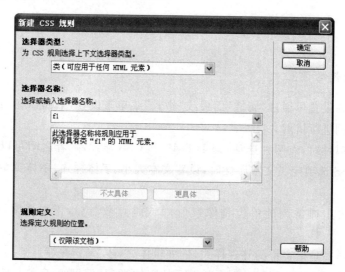

图 2.27 "新建 CSS 规则"对话框

还可以在 CSS 选项卡中定义字体样式、字体类型以及文本颜色等,如图 2.28 所示。

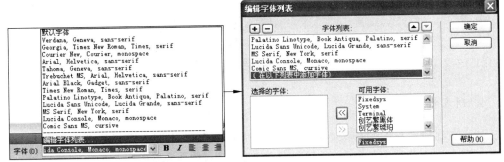

(a) 定义字体

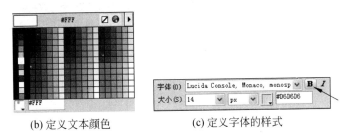

(b) 定义文本颜色　　　　　(c) 定义字体的样式

图 2.28　设置"文本"属性

3．段落格式的设置

设置段落格式时,在"属性"面板中应选中 HTML 选项卡,然后才能定义段落格式。

段落指具有统一样式的一段文本。标题是用于强调段落主题的文本,用加强的效果来表示。标题分为 6 级,1 级标题显示的文字最大,6 级标题的最小。通常标题文字在浏览器中显示为粗体并自动换行。

（1）设置段落格式

设置段落格式的方法如下。打开"属性"面板的 HTML 选项卡,选中文本,在"格式"下拉列表中选择段落或某级标题,如图 2.29 所示。

图 2.29　标题与段落的设置

（2）设置段落缩进

设置段落缩进的方法如下：选中段落,或光标放在段落中,单击"属性"面板 HTML选项卡的"内缩区块"按钮 ，如果取消缩进,则单击"删除内缩区块"按钮 即可,如图 2.30 所示。

图 2.30　段落缩进的设置

4. 列表格式的设置

列表是比较常见的一种文本排版格式,它常用来格式化网页中包含逻辑关系的文本信息。列表格式分为编号列表、项目列表和嵌套列表,如图 2.31 所示。

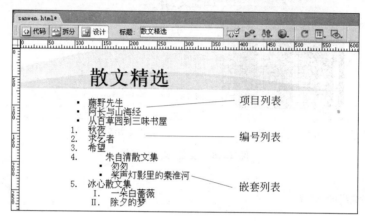

图 2.31　列表格式

(1) 项目列表

项目列表设置方法如下:选中段落文本,或光标放在段落文本中,单击"属性"面板→HTML 标签→"项目列表"按钮 ▤ 。

列表中的项目符号可以更改,比如把项目符号从●修改为■,方法是将光标放在列表文本中,单击 HTML 选项卡中的"列表项目"按钮,弹出"列表属性"对话框,如图 2.32 所示,"列表类型"选择"项目列表",在"样式"下拉列表中选择"正方形"样式。

图 2.32　列表属性设置

(2) 编号列表

通过有序的编号可以更清楚地表达信息的顺序,其设置方法与项目列表相似。

编号列表设置方法如下：选中段落文本，单击 HTML 选项卡中的"编号列表"按钮 。

列表中的编号样式和开始计数值均可更改。方法是将光标放在列表文本中，单击 HTML 选项卡中的"列表项目"按钮，弹出"列表属性"对话框，"列表类型"选择"编号列表"，在"样式"下拉列表中选择编号样式，在"开始计数"文本框中输入数值，即可修改开始计数值。

（3）嵌套列表

嵌套列表存在父列表和子列表的逻辑关系。设置方法如下：在已定义好的列表中，选中作为子列表的若干列表，单击 HTML 选项卡中的"内缩区块"按钮，从而实现列表之间的嵌套关系。嵌套列表可以是有序嵌套列表、无序嵌套列表和混合嵌套列表。

5．滚动文本

在网页中如何让文本或图像自动滚动，并且当光标经过时，文本会停下来，光标移开时继续滚动呢？设置方法如下。

选中文本，执行"插入"→"标签"命令，弹出"标签选择器"对话框，选择"HTML 标签"选项→"页面元素"选项，选中 marquee 选项，再单击"插入"按钮，关闭"标签选择器"对话框。此时切换到"代码"视图，查看到如下代码：

```
<marquee>滚动的文本段落</marquee>
```

可在 marquee 标签内添加一些参数，参数之间用空格隔开，实现文本或图像滚动的特效。例如：

```
< marquee direction="up" onmouseover="this.stop()" onmouseout="this.start
()" behavior="alternate" >欢迎访问风清月影的网站</marquee>
```

其中，

- direction：表示滚动的方向，up(向上)、down(向下)、left(向左，默认)、right(向右)。
- behavior：表示滚动的方式，scroll（滚动，默认）、alternate(交替)、slide(移动)。
- onmouseover＝"this.stop()"：表示光标经过时，文本停留。
- onmouseout＝"this.start()"：表示光标移开时，文本开始滚动。

添加参数有两种方法：一是直接在<marquee>中输入参数；二是选择"窗口"菜单→"标签检查器"命令，打开"标签检查器"面板，在其中设置相关参数，如图 2.33 所示。

图 2.33 "标签检查器"面板

2.2.4 设置超链接

超链接是组成网站的基本元素，通过超链接将多个网页组成一个网站，浏览者通过超链接选择阅读路径。超链接是通过 URL(统一资源定位符)来定位目标信息的。

1. URL 地址

(1) 绝对 URL

绝对 URL 指在 Internet 上资源的完整地址,包括完整的协议类型、计算机域名或 IP 地址、包含路径信息的文档名。书写格式如下。

协议://计算机域名或 IP 地址[:端口号][/文档路径];[/文档名]

例如:

http://www.mydrivers.com/download/ruanjian.htm

URL 常用的协议有以下几种。

HTTP:超文本传输协议,例如 http://www.sina.com.cn。

FTP:文件传输协议,例如 ftp://ftp.newhua.com。

MAILTO:传输 E-mail 协议,例如 mailto:duyonghong@163.com。

若采用协议默认端口号,则端口号参数可省略;index.htm、index.html 或 default.htm 是默认首页名称,可以省略。

(2) 相对 URL

相对 URL 指文件与链接目标之间的相对位置关系,一般是指同站点内的链接。

如链接到同一路径的文档,直接输入文件名,如 products.htm。

如链接到同一路径下子文件夹的文档,则需先输入子文件夹名和斜杠(/),再输入文件名,如 yule/music.htm。

如链接到上一级路径中,要在文件名前输入"../",如"../index.htm"。

2. 超链接的分类

超链接的分类有很多种,按链接目标的不同,超链接分为文件链接、锚记链接、空链接电子邮件链接;按链接单击对象的不同,超链接分为文字链接、图像链接、图像映射等。

(1) 文件链接

文件链接是指链接目标是其他网页或文件,浏览者单击超链接时将跳转到相应的网页或显示相应的文件。

设置文件链接方法如下。

选中创建超链接的文本或图像,在"属性"面板 HTML 选项卡中的"链接"文本框中输入 URL 地址,或单击"链接"文本框右侧的"浏览文件"按钮▭,如图 2.34(a)所示,弹出"选择文件"对话框,在此选择相应的文件,如图 2.34(b)所示。

💡注意:如果超链接文件是浏览器支持的文件格式,如 HTML、JPG 格式等,那么浏览器将直接打开该文件;当超链接的目标文件不是浏览器支持的文件格式,如 ZIP 格式、RAR 格式、EXE 格式等,单击超链接时,将会弹出"文件下载"对话框。因此制作文件下载链接时,可将文件压缩为 ZIP 或 RAR 格式,供浏览者下载。

(a) 设置超链接

(b) 选择文件

图 2.34 "选择文件"对话框

（2）锚记链接

为了方便浏览者浏览篇幅较长的网页，可利用锚记链接实现一个页面之间的快速跳转。操作步骤如下。

① 首先将光标置于超链接跳转目标的位置，单击"插入"栏→"常用"按钮组→"命名锚记"按钮。

② 选中导航信息，拖动滚动条到链接目标处，单击"属性"面板"链接"文本框右侧的"指向文件"按钮，将其拖动到锚记标记 处即可，如图 2.35 所示。此时"链接"文本框中出现"♯锚记名称"。因此也可直接在"链接"文本框中输入"♯锚记名称"。当单击导航信息时，直接跳转到相应的链接目标处。

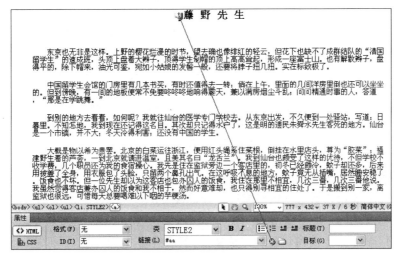

图 2.35 制作锚记链接

除了可创建同一页面中的锚记链接外,还可创建指向不同页面中的锚记链接,此时只要将超链接指定为"包含锚记链接页面的 URL 地址♯该网页的锚记名称"即可。

(3) 空链接

空链接一般默认指向当前页面,并不会打开新的网页文件。此种链接并不常用,一般会和 JavaScript 脚本语言配合使用,以达到一些特殊的网页特效。

设置方法如下:在"属性"面板的"链接"文本框中输入一个单独的"♯"号,即表示一个空链接。

(4) 电子邮件链接

电子邮件链接是指当浏览者单击超链接时,系统会启动客户端电子邮件程序(例如 Outlook Express),并打开新邮件窗口,使访问者能方便地撰写电子邮件。操作步骤如下。

① 将光标定位在需要插入电子邮件链接的位置。

② 选择"插入"栏→"常用"按钮组→"电子邮件链接"按钮。

③ 弹出"电子邮件链接"对话框,输入链接文本和电子邮件地址,如图 2.36 所示。

图 2.36　"电子邮件链接"对话框

或选中要创建链接的文本或图像,在"属性"面板 HTML 选项卡的"链接"文本框中直接输入"mailto:电子邮件地址"。

3. 选择链接目标

在设置好链接文件后,还应该选择打开链接文件的目标,即打开链接文件的浏览器窗口。设置方法如下:单击"属性"面板 HTML 选项卡的"目标"下拉列表,选择某项参数即可,如图 2.37 所示。

图 2.37　链接目标选择

具体参数如下所述。

- _blank:表示在新的浏览器窗口打开链接文件。
- _new:表示在同一页面有多个超链接时,会在同一个刚创建的窗口中打开。
- _self:表示在当前窗口打开链接文件,默认状态。
- _parent:表示在包含框架结构的上一级浏览器窗口打开链接文件。

- _top：删除框架结构，在整个浏览器窗口打开链接文件。

2.2.5 制作包含超链接的纯文本网站

本节通过完成一个简单的网站实例来即时复习并巩固前面所学的内容。

1. 定义本地站点

启动 Dreamweaver 软件，选择"站点"菜单→"新建站点"命令，创建本地站点，并在站点根目录下创建三个文件夹：shige、sanwen 和 xiaoshuo。

2. 制作首页

网站首页如图 2.38 所示，制作过程如下。

图 2.38　首页效果图

（1）新建一个空白网页，单击"属性"面板→"页面属性"按钮，弹出"页面属性"对话框，进行如下设置。

在"外观 CSS"选项卡中设置页面字体的大小为 14 像素，设置背景图像为 images/3e.jpg，设置页边距均为 0。

在"标题/编码"选项卡中，设置网页标题为"读者文摘"；单击"确定"按钮。保存该网页，将其命名为 index.htm。

（2）在"设计"视图中输入文本"读者文摘"，在每个文字后按 Enter 键实现竖排效果。选中文本，在"属性"面板 CSS 选项卡中设置"字体"为"楷体 CS"，字体"大小"为 36 像素，对齐方式为"居中"，如图 2.39 所示。

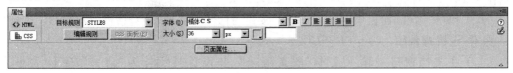

图 2.39　文本设置

（3）在"读者"后插入特殊字符：选择插入栏→"文本"选项→"字符"按钮组→"其他字符"按钮，弹出"插入其他字符"对话框，选择圆点字符，单击"确定"按钮，如图 2.40 所示。

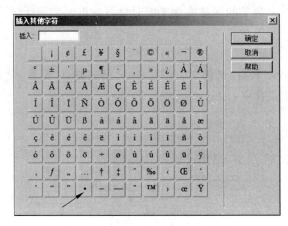

图 2.40　"插入其他字符"对话框

（4）单击"插入"栏→"常用"按钮组→"水平线"按钮，插入一条水平线，在"属性"面板中设置水平线的高度和宽度，取消"阴影"复选框，切换到"代码"视图，在<hr>标签内添加 color="#00CC00"。

（5）按 Enter 键，输入文本"散文"，按"Shift＋\"组合键，输入"|"，同理输入"诗歌|"和"小说"。

（6）按 Enter 键，选择"插入"栏→"文本"选项→"字符"按钮组→"©版权"按钮，输入"版权所有：风清月影"。

（7）输入文本"友情链接"，选中"友情链接"，在"属性"面板→HTML 选项卡→"链接"文本框中输入链接地址"http://www.hongxiu.com"。

（8）将输入法切换到中文全角状态，单击"空格"键，单击"插入"栏→"常用"按钮组→"电子邮件链接"按钮，在弹出的"电子邮件链接"对话框中输入文本"与我联系"，输入邮件地址"susan0513@sina.com"。

（9）在网页最上方，输入文本"欢迎访问风清月影的网站"，切换到"代码"视图，在此文本前后分别输入代码<marquee>和</marquee>。

3. 制作"散文精选"页面

"散文精选"页面如图 2.41 所示，制作过程如下。

（1）新建一个空白网页，在"文档"工具栏→"标题"文本框中输入"散文精选"，保存网页在 sanwen 文件夹中，将网页命名为 index.htm。

（2）单击"属性"面板中的"页面属性"按钮，打开"页面属性"对话框，设置字体大小为 14 像素，设置背景颜色为#FFFFCC。

（3）在文档窗口中输入文本"散文精选"，并设置其字体为"隶书"，字体大小为 36 像素，字体颜色为#009900，文本对齐方式为"居中"。

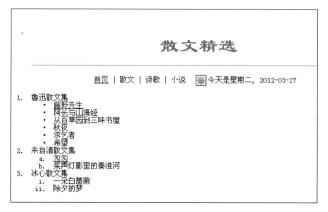

图 2.41 "散文精选"页面的效果图

（4）按 Enter 键,再输入导航文本"首页 ｜ 散文 ｜ 诗歌 ｜ 小说"。选中"首页",单击"属性"面板中"链接"文本框右侧的"浏览文件"按钮,选择站点根目录下的 index. htm 文件,"链接"文本框中即显示"../index. htm"。

（5）单击"插入"栏→"常用"按钮组→"水平线"按钮,插入一条水平线;再单击"插入"栏→"常用"按钮组→"日期"按钮,弹出"插入日期"对话框,如图 2.42 所示。在"日期格式"下拉列表中选择一种日期格式。

（6）按 Enter 键,输入几段文本作为散文题目的列表,将其分别设置为编号列表和项目列表,通过文本缩进实现嵌套列表等。

图 2.42 "插入日期"对话框

（7）按 Enter 键,插入鲁迅先生的画像图片,并输入散文"藤野先生"的标题及散文内容。

（8）设置锚记链接:首先在"藤野先生"标题文本处插入"命名锚记"标记,在散文目录处选中"藤野先生",移动滚动条到锚记标记位置,单击"属性"面板中的"链接"文本框右侧的"指向文件"按钮,拖动该按钮到锚记标记处,松开鼠标即可。

（9）最后添加其他页面内容,并设置超链接,完成站点的制作。

4. 站点测试

在网页编辑状态,按快捷键 F12 在浏览器中浏览并检查网页,查看超链接是否能够正常跳转,并确保每个网页都有适当的网页标题。

2.2.6 插入图像

图像是网页中非常重要的元素,如能在网页中添加精致、美观的图像,会使网页变得丰富多彩。在插入图像时,首先要考虑图像在页面中的整体效果,其次应综合考虑图像的质量和下载速度。目前网页中支持的图像格式有以下三种。

（1）GIF（索引颜色格式）：GIF 最多支持 256 色，为无损压缩，有透明处理的功能，支持动画效果。

（2）JPG（联合图像专家组）：JPG 支持较高的压缩比，属于有损压缩，支持真色彩，在处理 JPG 图像时，要选择合适的压缩品质。

（3）PNG（可移植网络图形）：专门针对 Web 开发的无损压缩图像，支持真色彩和透明处理。

1．插入图像

插入图像的方法有多种，以下介绍常用的两种。

方法一　光标放在要插入图像的位置，选择"插入"菜单→"图像"命令。

方法二　单击"插入"栏→"常用"选项→"图像"按钮组→"图像"按钮。

弹出"选择图像源文件"对话框，选择图像文件，单击"确定"按钮，如图 2.43 所示。

图 2.43　"选择图像源文件"对话框

2．设置图像属性

选中图像，在"属性"面板中设置图像的属性。例如图像的高度、宽度、边框、垂直边距、水平边距及图像的对齐方式等属性，如图 2.44 所示。

（1）图像的尺寸

在"属性"面板中的"高"和"宽"的数值显示了图像的尺寸，告诉浏览器应分配给图像多大的空间，以像素为单位。可直接输入数值来改变图像的尺寸，或选中图像，拖动图像的控制点来调整图像大小，同时按住 Shift 键并拖动右下角控制点时，可成比例地缩放图像的大小。如果图像的尺寸不是源图像的尺寸，则数值会以加粗显示，并且出现一个还原按钮 ，单击此按钮还原到原始尺寸。

注意：一般情况下，建议不要使用以指定高度、宽度的方式缩放图像，而应在图

图 2.44 设置图像属性

像处理软件中对图像进行处理,然后再将其插入到网页中。因为用指定高、宽的方式不能改变图像所占字节数,即不能缩短图像下载的时间,只是改变了图像显示的空间。

(2)图像的对齐方式及与周围内容的距离

① 设置图像与周围内容对齐方式。打开"属性"面板中"对齐"下拉列表来选择对齐方式。

② 设置图像与周围内容的距离。在"垂直边距"和"水平边距"文本框中输入的数值决定了图像与周围内容的距离,如图 2.45 所示。

图 2.45 设置图像对齐方式及边距

(3)图像的其他属性

① 边框。图像边框默认为 0,如果要设置边框,则可在边框文本框中输入一个数值。

② 替换。在"替换"文本框中输入文本,当图像在浏览器中不能显示时,则在图像区域显示该文本,如果图像可正常显示,则鼠标经过图像时可对图像进行文字注释。

③ 编辑。在"属性"面板中的"编辑"选项中,可以单击"编辑"按钮,将运行 Fireworks 或 Photoshop 程序对图像文件进行编辑,面板右侧还有剪裁、增加亮度和对比度、锐化等按钮。

④ 链接和目标。用于指定超链接路径及链接目标。

3. 制作翻转图像

翻转图像是指当光标经过图像时,显示另外一张图像;光标移开时,还原为原始图像。

制作过程如下：首先准备两张尺寸相同的两幅图像，选择"插入"栏→"常用"选项→"图像"按钮组→"鼠标经过图像"按钮，或选择"插入"菜单→"图像对象"→"鼠标经过图像"命令，弹出"插入鼠标经过图像"对话框，如图 2.46 所示，进行如下参数设置。

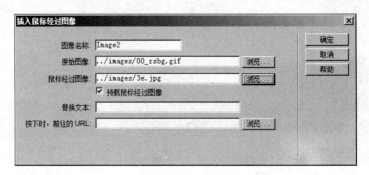

图 2.46　"插入鼠标经过图像"对话框

（1）单击"原始图像"文本框右侧的"浏览"按钮，在弹出的"原始图像"对话框中，选择作为原始图像的图像文件。

（2）单击"鼠标经过图像"文本框右侧的"浏览"按钮，在弹出的"鼠标经过图像"对话框中，选择作为鼠标经过图像的图像文件。

（3）选中"预载鼠标经过图像"复选框，确保鼠标经过图像时图像效果更加平滑。

（4）在"按下时，前往的 URL"文本框中，输入链接地址。

（5）最后单击"确定"按钮，当浏览网页时，鼠标经过，图像产生变化。

4．制作图像映射

图像映射是指在一幅图像中指定若干个区域，这些区域被称为热点，每一个区域可链接到不同的 URL 地址。图像映射最常用于电子地图、页面导航图、页面导航条等。操作步骤如下。

（1）选中图像，在"属性"面板左下方，选中"圆形热点工具"○，如图 2.47 所示。按住鼠标左键，在地图上绘制一个圆形，在"属性"面板的"链接"文本框中输入链接地址，如图 2.48 所示。

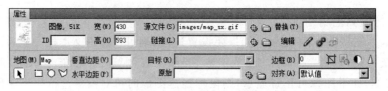

图 2.47　使用图像热点工具

（2）选中"矩形热点工具"□，按住鼠标左键，在"黄河壶口瀑布"处，绘制一个矩形，在链接文本框处输入链接地址。

（3）同理还可选中"多边形热点工具"♡，绘制多边形，并添加链接地址，效果如图 2.48 所示。

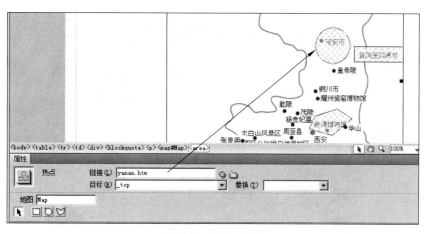

图 2.48　图像映射

练 习 题

1. 选择题

(1) 网页中常用的图像文件格式包括(　　)。
　　A. JPG、BMP、GIF　　　　　　　　　　B. JPG、GIF、PNG
　　C. BMP、PNG、GIF　　　　　　　　　　D. MP3、JPG、GIF

(2) 单击(　　)会跳转到当前页面某个位置,却不会打开新的网页文件。
　　A. 空链接　　　　B. 文本链接　　　　C. 锚记链接　　　　D. E-mail 链接

(3) 图像映射的区域,形状可以是(　　)。
　　A. 矩形　　　　　B. 圆形　　　　　　C. 多边形　　　　　D. 只能是矩形

2. 简答题

(1) 一个完整的 URL 地址应包括哪些内容? 超链接中的绝对路径和相对路径有什么区别?

(2) 一幅图像中创建多个链接区域,如何实现?

(3) 网页中支持的图像格式有哪些? 它们有什么特点?

上 机 实 训

1. 实训要求

创建一个以花为主题的创建网站,要求如下。

(1) 编辑网站首页,效果如图 2.49 所示。

(2) 编辑其他内容网页并添加超链接,其他页面中包括有图像和文本等。

2. 背景知识

根据任务 2.2 所学的文本编辑、插入图像及其他图像对象、超链接的设置等知识进行

图 2.49   无双花园首页

网站的创建。

3．实训准备工作

将文本素材和图像素材准备好，发送到学生主机上，以供学生参考使用。

4．课时安排

上机实训安排 2 课时。

5．实训指导

（1）网站首页制作过程

① 启动 Dreamweaver，定义本地站点，新建一个网页，保存为 index. htm。

② 单击"属性"面板中的"页面属性"按钮，选择"外观(CSS)"选项卡，设置上、下、左、右边距均为 0，选择"标题/编码"选项卡，设置网页标题为"无双花园"。

③ 单击"插入"栏→"常用"选项→"图像"按钮组→"图像"按钮，插入图像 index. gif，选中图像，分别单击"属性"面板中的圆形热点工具、矩形热点工具和椭圆形热点工具，在图像上绘制圆形区域、矩形区域和多边形区域，并分别在"属性"面板的"链接"文本框中输入链接地址。

④ 单击"插入"栏→"布局"按钮组→"绘制层"按钮，在编辑界面绘制一层，在层内添加鼠标经过图像，字样为"欢迎来到无双花园"，添加链接地址，完成首页的制作。

（2）制作内容页面（如图 2.50 所示）

① Logo 采用翻转图像效果，添加链接到首页的地址，插入多个鼠标经过图像制作导航条。

② 利用图像背景美化网页。

③ 添加 Flash 动画。

④ 添加网页之间的超链接。

图 2.50 制作内容页面

评价内容与标准

评 价 项 目	评 价 内 容	评 价 标 准
页面属性设置	正确设置页面属性	(1) 页面属性设置正确
插入图像	(1) 正确插入图像 (2) 正确插入图像特效：翻转图像、图像映射等	(2) 插入图像及其他图像对象，修饰页面，使页面精美，能够吸引浏览者注意 (3) 网页及网页元素正确保存
使用超链接	(1) 设置超链接 (2) 链接目标的设置	(4) 网页之间准确链接

评 分 等 级

优	能高效、高质量完成各项能力的实训,并能独立解决遇到的特殊问题
良	能圆满完成各项能力的实训,偶有个别问题需要老师指导
中	能完成各项能力的实训,但有些问题需要同学和老师的指导
差	不能很好地完成各项能力的实训

成绩评定及学生总结

教师评语及改进意见	学生对实训的总结与意见

任务 2.3　网页布局技术

2.3.1　网页版面布局

　　布局就是以最适合浏览的方式将图片和文字摆放在页面的不同位置。版面指的是浏览器看到的完整的一个页面。网页版面布局是网页设计中的一项重要内容,网页版面布局是指规定网页内容在浏览器中的显示方式,例如徽标的位置、导航栏的显示、主要内容的排版方式等。因为每个人的显示器分辨率不同,同一个页面的分辨率可能出现 1024×768(像素)、1280×1024(像素)等情况,造成所显示出的版面布局会有出入。经常用到的版面布局结构主要有以下几种。

1. T 结构布局

　　T 结构布局的页面顶部为横条的网站标志和广告条,下方右侧(或左侧)为主菜单,左侧(或右侧)显示内容的布局。因为菜单条的背景较深,整体效果类似英文字母"T",这是网页设计中使用得最为广泛的一种布局方式。这种布局的优点是页面结构清晰,主次分明,是初学者最容易上手的布局方式;缺点是规矩呆板,如果在细节和色彩上不注意修饰,则很容易让人"看之无味",如图 2.51 所示。

图 2.51　T 结构布局的网页

2. "口"形布局

　　"口"形布局是一个形象的说法,其中布局的页面一般上下各有一个广告条,页面左侧是主菜单,右侧是友情链接等,画面中间是主要内容。这种布局的优点是充分利用版面,信息量大;缺点是页面拥挤,不够灵活,如图 2.52 所示。

图 2.52 "口"形布局的网页

3. "三"形布局

"三"形布局多用于国外站点,国内用得不多。特点是页面上横向两条色块,将页面整体分割为四部分,色块中大多放广告条。

4. POP 布局

POP 一词引自广告术语,就是指页面布局像一张宣传海报,以一张精美图片作为页面的设计主体,如图 2.53 所示。常用于时尚类站点。优点显而易见,即漂亮吸引人;缺点是速度慢。

图 2.53 POP 布局的网页

2.3.2　网页布局技术

在确定好版面布局结构后,继续要做的工作就是根据内容调整页面的结构。例如主要考虑页面尺寸选择多大?怎样放置网页的网页元素?在 Dreamweaver 中提供了四种主要的技术用于规划和设计页面:表格、层、框架和 CSS+Div,这里先介绍前三种方式。

2.3.3　使用表格排版网页

在网页设计中,表格以简洁明了和高效快捷的方式将网页设计的各种元素有序地组织在一起,使整个网页井井有条。

1. 实例引入:表格排版的网页

【例 2.3】　某自动化股份有限公司网站,如图 2.54 所示。在本实例中,主要涉及以下知识点。

图 2.54　表格布局实例

- 该网页是较为典型的 T 结构布局的网页；
- 页面整体布局采用表格，表格划分为若干个单元格，在单元格内插入网页元素；
- 通过定义单元格的背景颜色达到美化网页的效果；
- 该页的栏目导航信息分为两部分，横条为公司网站总的导航，竖条是每一个栏目的导航。

2. 表格的组成

表格由一些被线条分开的单元格组成。线条即表格的边框，被边框分开的区域称为单元格，数据、文字、图像等网页元素均可根据需要放置在相应的单元格中，如图 2.55 所示。

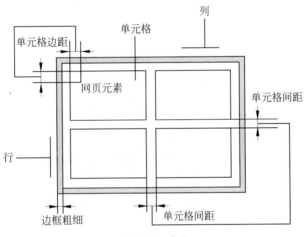

图 2.55 表格

在网页中使用表格一般有两种情况：一种是在需要组织数据显示时用；另一种是在布局网页时用。当表格被用做布局时，需要对表格的属性进行设置。

3. 插入表格和编辑表格

表格在网页中通常存在两种形式：一种是以独立的形式存在；另一种是以嵌套的形式存在。

（1）插入独立表格

插入独立的表格一般有两种方法。

方法一 单击"插入"栏→"常用"按钮组→"表格"按钮。

方法二 选择"插入"菜单→"表格"命令。

打开"表格"对话框并设置表格参数，如图 2.56 所示。

在"表格"对话框中输入以下参数。

① 表格的行数和列数。

② 表格宽度。宽度的单位有两种，像素和百分比。像素是一个绝对值，一般最外层表格选择绝对像素，即整个页面的尺寸，表格宽度的大小与显示器分辨率有关。1024×

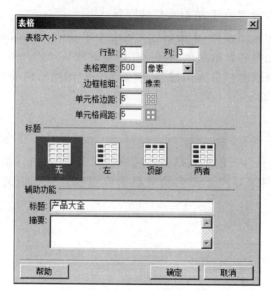

图 2.56 "表格"对话框

768 的分辨率选择范围为 950～1007 像素。

这里要强调的是，如果选择的是高分辨率时显示的页面尺寸，在低分辨率状态浏览时会出现横向滚动条，而选择低分辨率时显示的页面尺寸，在高分辨率状态浏览时会出现较多的空白，因此最外层表格宽度的选择必须慎重。

百分比是指表格的宽度与浏览器界面之间相对百分比，或指嵌套表格与表格之间相对百分比。

注意：一般，最外层表格将采用像素设置宽度；内嵌表格采用百分比设置宽度。

③ 边框粗细：如果表格是用来布局页面的，边框粗细值设为 0。

④ 单元格边距：设置单元格内容与单元格边缘之间的距离。

⑤ 单元格间距：设置表格单元格之间的距离。

⑥ 标题：选择一种表格标题格式以及标题所在的位置等。

⑦ 辅助功能：比如给表格设置标题以及摘要等。

设置完毕后，单击"确定"按钮，即可在指定位置插入一个表格，插入后表格处于选中状态，如图 2.57 所示。

图 2.57 插入的表格

（2）插入嵌套表格

在网页中为了保证各部分内容之间的相对独立性，而不会因为在编辑内容的同时其他内容被修改，表格的嵌套形式在网页中普遍存在。一般网页有一个大的外层表格，按区域划分为若干单元格,然后在区域单元格中再插入嵌套表格,这样各区域的排版既规范又灵活。操作步骤如下。

将光标置于表格的某个单元格内,再单击"插入"栏→"常用"按钮组→"表格"按钮,插入相应表格,如图2.58所示。

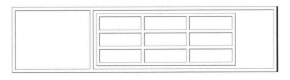

图2.58 嵌套表格

(3)编辑表格

① 增加行或列。

方法一 将光标置于单元格内,右击,从弹出的快捷菜单中选择"表格"→"插入行"/"插入列"(或"插入行或列")命令,则在当前单元格的上方插入一行,或在当前单元格右侧插入一列,如果选择"插入行或列"命令,则弹出"插入行或列"对话框,在此设置在表格中要添加的行数或列数以及插入位置,单击"确定"按钮,如图2.59所示。

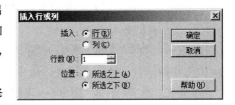

图2.59 "插入行或列"对话框

方法二 将光标置于单元格内时,选择"修改"菜单→"表格"→"插入行"/"插入列"(或"插入行或列")命令。

方法三 将光标置于单元格内时,选择"插入"菜单→"表格对象"→"在上方插入行"/"在下方插入行"(或是"在左边插入列"/"在右边插入列")命令,则在当前单元格的上方或下方插入一行,或在当前单元格的左侧或右侧插入一列。

方法四 将光标置于单元格内时,单击"插入"栏→"布局"按钮组→"在上面插入行"(或是"在下面插入行"/"在左边插入列"/"在右边插入列")按钮,则在单元格的上方或下方插入一行,或是在左边或右边插入列。

② 删除行或列。

方法一 将光标置于单元格内,选择"修改"菜单→"表格"→"删除行"(或"删除列")命令,删除当前行(或当前列)。

方法二 光标置于单元格内,右击,在弹出的快捷菜单中选择"表格"→"删除行"(或"删除列")命令,则删除当前行(或当前列)。

方法三 选中行或列,直接按Del键。

③ 排序表格。

当创建表格并向表格中添加数据后,这些数据可能是杂乱无序的。Dreamweaver中提供了排序表格功能。操作步骤如下。

选中表格,选择"命令"菜单→"排序表格"命令,弹出"排序表格"对话框,如图2.60所示,根据需要进行相关参数设置,单击"确定"按钮。

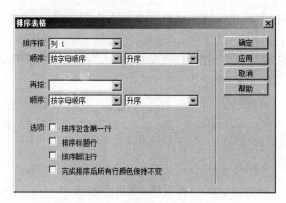

图 2.60　"排序表格"对话框

（4）导入与导出表格数据

Dreamweaver 提供了与外界数据交换的功能。在其他程序中创建的数据，例如 Excel 电子表格数据、Word 文档或是文本文件，可以导入到 Dreamweaver 中并格式化为表格。同样，也可以将网页中的表格导出为其他格式的文件。

① 导入表格数据。

方法一　选择"文件"菜单→"导入"→"导入表格式数据"命令（也可导入 Word 文档、Excel 文档或选择"XML 到模板"命令）；

方法二　选择"插入"菜单→"表格对象"→"导入表格式数据"命令，弹出"导入表格式数据"对话框，如图 2.61 所示，选择数据文件的路径，并进行相关参数的设置，单击"确定"按钮。

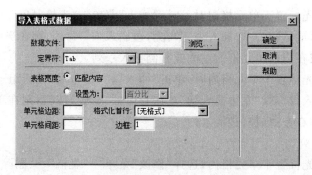

图 2.61　"导入表格式数据"对话框

② 导出表格数据。

将光标放在要导出表格的任意单元格内，选择"文件"菜单→"导出"→"表格"命令，弹出"导出表格"对话框，如图 2.62 所示，设置定界符和换行符，单击"导出"按钮，弹出"表格导出为"对话框，在此选择文件路径和输入文件名称，最后单击"保存"按钮。

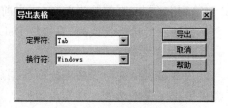

图 2.62　"导出表格"对话框

4. 表格及单元格属性设置

（1）表格属性设置

要对表格进行属性设置，必须首先选中表格，选中表格的常用方法有以下四种。

方法一　将光标置于表格内，单击文档窗口左下角的<table>标签选中整个表格。

方法二　将光标移动到表格的边框处，单击选中表格。

方法三　将光标置于表格内，选择"修改"菜单→"表格"→"选择表格"命令，选中表格。

方法四　将光标置于表格内，右击，在弹出的快捷菜单中，选择"表格"→"选择表格"命令，选中表格。

选中表格后，在"属性"面板中设置表格的属性，如图2.63所示。

图2.63　表格属性的设置

表格各项属性的功能如下。

① 表格：设置表格的名称。

② 行与列：设置表格的行数和列数。

③ 宽：设置表格宽度，单位为像素或百分比。

④ 间距：设置单元格之间的间隔，即单元格间距。

⑤ 填充：设置单元格内容与单元格边缘之间的距离。

⑥ 边框：设置表格边框的宽度，单位为像素。表格用于排版时，一般将边框设置为0。

⑦ 对齐：表格在页面中的对齐方式。

⑧ 类：为选定对象加入CSS样式。

⑨ 🔲：清除所设置的列宽。

⑩ 🔲：清除所设置的行高。

⑪ 🔲：设置列宽的单位为像素。

⑫ 🔲：设置列宽的单位为百分比。

（2）单元格属性的设置

将光标置于单元格内，在"属性"面板中设置单元格属性，如图2.64所示。"属性"面板又分为上、下两部分，上半部分可设置单元格中的文本属性，下半部分设置单元格属性。在设置单元格文本属性时，又分为HTML选项和CSS选项。

图2.64　单元格属性的设置

图 2.64 中单元格各项属性的功能如下。

① 水平和垂直：设置单元格中网页元素的水平及垂直的对齐方式，如图 2.65(a)和图 2.65(b)所示，默认对齐方式为水平左对齐、垂直居中。

(a) 单元格对齐方式：默认对齐方式　　　　　(b) 单元格对齐方式：水平居中、垂直顶端

图 2.65　对齐方式

② 宽和高：设置单元格的宽度和高度，单位默认为像素，在数值后输入％，即采用百分比为单位，也可将光标放在单元格的边框处直接拖动，以此改变行高和列宽。

③ "不换行"复选框：选中此选项可防止换行，实现单元格中的所有文本都在一行上，单元格宽度会随之变宽；不选此选项，当单元格中的文本内容超过单元格宽度时，自动换行，单元格宽度不变。

④ "标题"复选框：将所选的单元格设置为表格标题单元格。该单元格中文本内容默认为粗体居中显示。

⑤ 背景颜色：设置单元格的背景颜色。

⑥ ▭：合并所选单元格。

⑦ ▥：拆分所选单元格。

5. 使用表格排版网页

表格是能将网页元素按设计者要求的方式显示的一种排版技术。通过单元格的拆分、合并以及在单元格中插入嵌套表格等方法对网页元素进行更细致的控制。其操作步骤如下。

(1) 插入一个表格，按照事先考虑好的版面设计将表格划分为几个大的单元格，设置合适的宽度，边框设置为 0，使边框不可见；需要时可在单元格中插入嵌套表格，同样将边框设为 0，使边框不可见。

(2) 向各个单元格中加入网页元素，编辑完毕后保存文档。

使用表格构造网页布局时应遵循如下原则。

(1) 要对页面做好规划再执行，甚至要进行无数次的实验和重复运行才能制作出好的页面框架。

(2) 从外向内工作。先建立最大的表格，再在它内部创建嵌套的较小表格。

(3) 设置表格宽度时，最外层表格使用绝对像素法，内嵌表格使用相对百分比法。

例如，观察如图 2.66 所示的网页。图上方为网页草图，图下方是根据网页草图插入的表格，进行单元格属性的设置，然后在单元格中插入网页元素。

6. 表格排版实例的制作过程

以下讲解例 2.3 所举利用表格进行网页布局的制作过程。作为专业的设计者，首先，

图2.66 使用表格构造网页框架

要利用图形制作软件如 Fireworks、Photoshop 等,绘制一张网页草图,然后根据网页草图利用表格对网页进行排版。本网页实例的制作过程如下。

(1)先设计网页首页草图,采用的分辨率为 1024×768(像素),网页草图如图 2.54 所示。

(2)创建本地站点,站点名为 WWW,并在该站点的根目录下创建 images 文件夹,用于存储图像素材。

(3)新建一个网页,将其命名并保存为 index.htm,编辑该网页。

(4)单击"属性"面板中的"页面属性"按钮,选择"外观 CSS"选项卡,设置页面字体为默认字体,字体"大小"为 14 像素,"文本颜色"为黑色(♯000000),页边距均为 0;选择"标题/编码"选项卡,设置页面标题为××××××自动化股份有限公司;选择"跟踪图像"选项卡,选择跟踪图像的路径,images/网页草图 02.jpg,透明度设置为 20%,单击"确定"按钮,如图 2.67 所示。

(5)单击"插入"栏→"常用"按钮组→"表格"按钮,插入居中排列的多个表格,表格宽度统一为 920 像素。

(6)第一个表格为两列,在第一个单元格中插入 logo 图标,第二个单元格中插入嵌套表格,输入文本。

(7)第二个表格为三列,在中间单元格插入导航文本,左、右两侧单元格插入带圆弧的小图片。

(8)第三个表格为一列,插入一幅宽为 920 像素的图像。

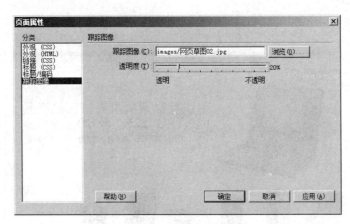

图 2.67　选择跟踪图像

（9）第四个表格为三列，左侧单元格，嵌套一个多行表格，然后插入图像和文本，中间单元格为空白，起到分界的作用，将右侧单元格拆分为多行，然后插入文本和图像，如图 2.68 所示。

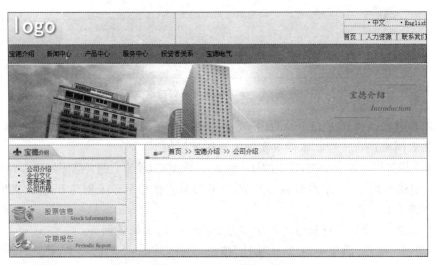

图 2.68　表格排版过程

（10）在最下方的表格，插入版权信息以及网站的备案编号等。

保存网页，按快捷键 F12，浏览并检查网页，结果如图 2.54 所示。

2.3.4　使用层排版网页

除了表格以外，层是另外一种定位网页元素的方法。它可以包含文字、图像、表格、插件，甚至其他层。一个网页中可以嵌套多个层。层的特点在于各个层之间可以重叠，可以决定每个层是否可见，还可以定义各个层之间的层次关系。层可以转换成表格，通过与 Dreamweaver 内部行为的结合，能够实现动态交互效果。本节将介绍层的概念和排版方法，并通过一个实例说明如何利用层进行页面布局的设计。

1. 实例导入：层排版的网页

【例 2.4】　八珍食府网站首页如图 2.69 所示。本网页实例采用了层排版网页技术，利用 Dreamweaver 内部行为制作了网页动态效果。

图 2.69　层排版的网页实例

在本实例中，主要涉及以下知识点：

- 以层作为页面布局的工具，设置层的背景颜色、大小及位置；
- 调整层与层间的相对关系，通过"Z"值设置层的叠放顺序；
- 向层内添加图像、Flash 动画、文本、表格等网页元素；
- 利用 Dreamweaver 内部行为制作网页动态效果。

2. 插入层和编辑层

（1）插入层

在 Dreamweaver 中，插入层的方法有多种，常用的方法有以下两种。

方法一　将光标放置在需要插入层的位置，选择"插入"菜单→"布局对象"→AP Div 命令，在文档窗口中插入一个空的预设大小的层，如图 2.70 所示。

方法二　单击"插入"栏→"布局"按钮组→"绘制 AP Div"按钮，如图 2.71 所示，移动光标到文档窗口，当光标变成"＋"形状时，按住鼠标并拖动，即创建了层。

在绘制层的同时，按下 Ctrl 键，可连续创建多个层。

创建一个层后，在文档窗口中会出现一个"层锚记"标记，单击"层锚记"标记选中层，如图 2.72 所示。如果在文档中没有显示"层锚记"标记，单击"编辑"菜单→"首选参数"命令，弹出"首选参数"对话框，在"分类"列表中选择"不可见元素"类，再选中"AP 元素的锚点"复选框，单击"确定"按钮即可。

（2）层的关系

如果两个层有交叉，则它们存在两种关系：重叠与嵌套。重叠就是位置上有重叠，但两个层是独立的，一个层发生变化时，不影响另外一个层；而嵌套时，子层会随着父层的某些属性的变化而变化，而父层不随子层发生变化。

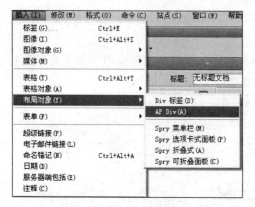

"绘制AP Div"按钮

图 2.70　用"插入"菜单的命令插入层　　　　**图 2.71　用"插入"栏插入层**

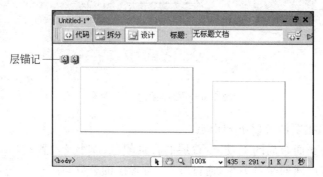

层锚记

图 2.72　文档中插入的层

（3）创建嵌套层

层的嵌套和表格的嵌套有些类似，就是在层里面再建立一个层。创建嵌套层的方法如下。

将光标放在当前层中，选择"插入"菜单→"布局对象"→AP Div 命令，即创建了一个嵌套层。

（4）层的属性设置

设置层的属性时，首先要选中层。选中层的常用方法有以下三种。

方法一　单击层边框线。

方法二　单击层锚记。

方法三　单击"窗口"菜单→"AP 元素"命令，打开"AP 元素"面板，单击"AP 元素"面板上的层名称。

当层被选中后，周围出现控制点，层边框变为蓝色显示。要同时选择多个层，按 Shift 键，连续单击要选择的层。选中层后，通过"属性"面板进行属性设置，如图 2.73 所示。

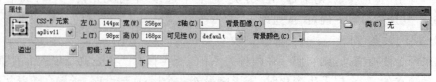

图 2.73　层的属性设置

层各项属性的功能如下。

① 层编号：定义当前层的名字。

② 左、上：设置层在页面或在其父层中左边和顶部的距离，单位为像素。

③ 宽、高：设置层的宽度和高度。

④ Z轴：设置当前层在多层叠放中的顺序，层的 Z 值越大，层的位置越在上方。

⑤ 可见性：确定初始化时层是否显示。其中有四种取值，inherit 表示继承父层的可见性属性；visible 表示显示层的内容，而不管其父层是否可见；hidden 表示隐藏层的内容，而不管其父层是否可见；default 表示大多数浏览器会将其解释为 inherit，即继承父层的可见性属性。

⑥ 背景图像和背景颜色：设置层的背景图像和背景颜色。

⑦ 溢出：用于设置当前层的内容超出层的大小范围后产生的结果。其中有四种取值：visible 表示当层中包含的内容超出层时，层自动向下及向右扩大层的尺寸以容纳并显示层中的所有内容；hidden 表示保持层的尺寸不变，隐藏超出的部分，且不提供滚动条；scroll 表示在层中加入滚动条，无论层的内容是否超出层的范围；auto 表示层中的内容超过层时自动添加滚动条。

⑧ "剪辑"选项组的"右、左、上、下"：用于设置 4 个剪裁角的坐标，对层进行剪裁操作。

（5）层的操作

① 层的移动。选中层，将其拖动到合适的位置即可。

② 层的对齐。选中多个层，选择"修改"菜单→"排列顺序"→某个对齐方式命令。对齐方式有左对齐、右对齐、上对齐、对齐下缘等，如图 2.74 所示。

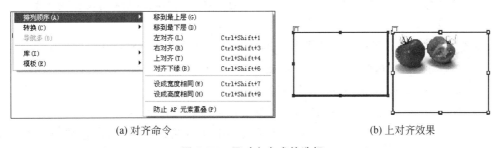

(a) 对齐命令　　　　　　　　　　　　　　(b) 上对齐效果

图 2.74　层对齐方式的选择

注意： 设定层的对齐方式时，以最后一个选中层的上、下、左、右边界为对齐参考点。

③ 改变层的顺序。当网页中出现多个层时，就会出现重叠现象。而层的叠放顺序会影响其显示效果。改变层叠放顺序的常用方法有以下两种。

方法一 选中层，在"属性"面板的"Z 轴"文本框中输入数值来决定层的叠放顺序。其值越大越靠上，如果其为负值，表示层位于页面之下，页面中的内容将会覆盖层中的内容。

方法二 打开"AP 元素"面板，在"AP 元素"面板中双击 Z 轴的值，修改此值。

④ 显示和隐藏层。利用层可显示和隐藏的特性，结合 Dreamweaver 内部行为能够实现网页中动态交互效果。常用方法有以下两种。

方法一 选中层,在"属性"面板中,单击层的"可见性"下拉列表的值,选择 visible(显示,默认),或 hidden(隐藏)。

方法二 选中层,选择"窗口"菜单→"AP 元素"命令,打开"AP 元素"面板,单击"AP 元素"面板上的眼睛图标,眼睛睁开为显示层,眼眼闭上为隐藏层,无眼睛图标表示可见性为默认,如图 2.75 所示。

(6) 层与表格的相互转换

由于层所具有的灵活性是表格所无法比拟的,因此可以通过在层中添加内容,使其布局在页面中任何位置,而且不会使其他页面元素受到影响。但由于它缺乏紧凑性,在不同浏览器显示,可能会发生层的位置偏移,因此 Dreamweaver 提供了层与表格互相转换功能,以结合各自的优点更好地进行网页设计操作。

① 层转换为表格。选择"修改"菜单→"转换"→"将 AP Div 转换为表格"命令,弹出"将 AP Div 转换为表格"对话框,如图 2.76 所示,设置相应的选项。

图 2.75 层的显示与隐藏

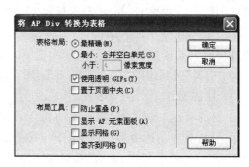

图 2.76 "将 AP Div 转换为表格"对话框

注意: 网页中的层如果有重叠则不能进行转换为表格的操作。

层转换为表格的相关选项的设置有如下几项。

- 选择"最精确"单选按钮,将采取尽可能精确的方式进行转换。
- 选择"最小"单选按钮,在转换时可忽略几个像素内的误差。
- "使用透明 GIFs"复选框是指用透明的 GIF 填充表的最后一行,这将确保该表在所有浏览器中以相同的列宽显示。
- "置于页面中央"复选框是指转换后的表格是否自动居中。

② 表格转换为层。若要将表格转换为层,则选择"修改"菜单→"转换"→"将表格转换为 AP Div"命令即可。

3. 使用层排版网页的制作过程

下面讲解例 2.4 所举利用层技术进行网页布局的制作过程。将此网页分辨率设置为 1024×768(像素),此网页共创建了 4 个层,制作过程如下。

(1) 创建本地站点,站点名为 myweb,在站点内创建一个 images 文件夹,图像和 Flash 动画素材存储在此文件夹中。

(2) 在站点根文件夹下新建一个网页,将其保存为 index.htm,在"文档"工具栏的"标题"文本框中输入"八珍美食,天天美食"。单击"修改"菜单→"页面属性"命令,打开"页面属性"对话框,在"外观(CSS)"选项卡中,设置页面的背景图像为 images/main_bg. gif。

（3）单击"插入"栏→"布局"按钮组→"绘制 AP Div"按钮,将光标移到文档窗口,当光标变成"＋"形状时,按 Ctrl 键,连续绘制 4 个层,相对位置及顺序关系如图 2.77 所示。

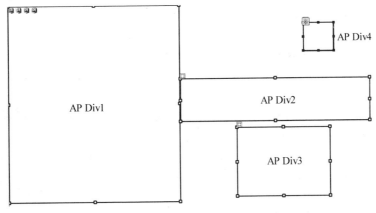

图 2.77 连续绘制多个层

（4）选中第 1 层(AP Div1),在"属性"面板中设置层的"左"和"上"均为 0,将光标置于第 1 层内并单击,光标在层内闪烁,单击"插入"栏→"常用"选项→"媒体"按钮组→swf 按钮,插入 Flash 动画为 images/main_image. swf,选中 swf 文件,在"属性"面板中设置背景为透明。

（5）选中第 2 层(AP Div2),移动层,调整层的位置,将光标置于第 2 层内并单击,单击"插入"栏→"布局"按钮组→"表格"按钮,插入一个 1 行 3 列宽度为 100% 的表格,在单元格中插入三幅菜品图像。

（6）将光标置于第 3 层(AP Div3)内并单击,然后输入文本,如图 2.78 所示。

（7）将光标置于第 4 层(AP Div4)内并单击,插入 logo 图标,如图 2.78 所示。

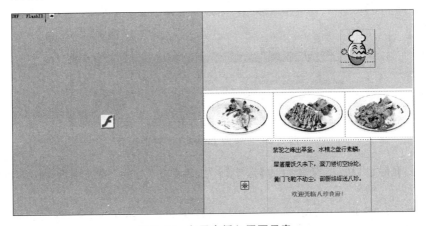

图 2.78 向层内插入网页元素

保存网页,按快捷键 F12,浏览并检查网页效果。

2.3.5   使用网页特效

1. 应用 Dreamweaver 内置行为

（1）行为的概念

行为主要由 3 个部分组成：对象、事件和动作。

① 对象是行为的主体，在网页中的对象主要有文本、图像、窗口等。

② 事件是针对某一对象所执行的特定的操作。如当鼠标指针指向超链接时，会生成一个 OnMouseOver 事件；当单击超链接时，会生成一个 OnClick 事件。不同的对象通常会产生不同的事件。

③ 动作主要是由 JavaScript 编写的实现特定功能的代码组成的。一旦动作与某一特定事件关联，则当产生事件的同时会触发相应的动作，以实现特定的功能。比如要在窗口载入（OnLoad）的过程中打开新的窗口，则可以将 OnLoad 事件与打开新窗口的动作相关联。

图 2.79   Dreamweaver 内置行为

（2）Dreamweaver 内置行为

Dreamweaver 内置的行为有多种，可通过选择"窗口"菜单→"行为"命令，打开"标签检查器"面板中的"行为"选项卡查看，如图 2.79 所示。以下对几种常用的行为进行介绍。

① 调用 JavaScript。

a. 在文档窗口中输入文本"关闭窗口"，将其选中，在"属性"面板的"超链接"文本框内输入"♯"，即为"关闭窗口"文本添加空链接。

b. 选中文本，然后单击"窗口"菜单→"行为"命令，打开"标签检查器"面板中的"行为"选项卡，单击"行为"选项卡的"添加行为"按钮 ➕，从弹出的菜单中选择"调用 JavaScript"命令，弹出"调用 JavaScript"对话框，输入要执行的 JavaScript 代码：window.close()，如图 2.80 所示。这个代码的含义是关闭浏览窗口，单击"确定"按钮，返回"行为"选项卡。

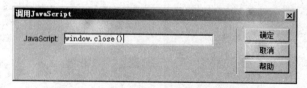

图 2.80   "调用 JavaScript"对话框

如果要删除已设置的某个行为，选中行为，再单击"行为"选项卡的"删除动作"按钮 ➖ 即可。

c. 在"行为"选项卡中，单击 按钮，选择事件为 OnClick（单击），如图 2.81 所示。

完成以上操作后保存网页，按快捷键 F12 浏览网页，当用户单击"关闭窗口"时，就会弹出信息框，询问用户是否关闭窗口，如图 2.82 所示。

图 2.81 为对象选择事件

图 2.82 JavaScript 行为的执行

② 弹出信息。

"弹出信息"行为通常用于定义当用户实施了某个事件后,会弹出提示信息框,例如在例 2.4 中,单击 logo 图标时将弹出问候信息框,其操作步骤如下。

a. 单击如图 2.78 所示的 logo 图标,在"标签检查器"面板的"行为"选项卡中单击"添加行为"按钮,在弹出的菜单中选择"弹出信息"命令,弹出"弹出信息"对话框,如图 2.83 所示。在此输入要显示的文字"欢迎光临八珍食府!",然后单击"确定"按钮退出。

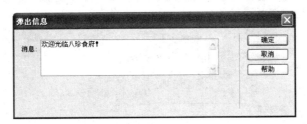

图 2.83 "弹出信息"对话框

b. 在"行为"选项卡中,选择事件为 Onclick。

保存网页,按快捷键 F12,浏览并检查网页。当单击 logo 时,将弹出一个信息框,效果如图 2.69 所示。

③ 设置文本。

"设置文本"行为包括四项内容:设置层文本、设置文本域文字、设置框架文本、设置状态栏文本,分别可以为容器、文本域、框架和状态栏等对象添加文本信息。下面以给网页设置状态栏文本为例讲解,其操作步骤如下。

a. 单击"标签"选择栏中<body>标签,在"标签检查器"面板的"行为"选项卡中单击"添加行为"按钮,在弹出的菜单中选择"设置文本"→"设置状态栏文本"命令,弹出"设置状态栏文本"对话框,如图 2.84 所示。在对话框中输入文字"Welcome to my Website!",单击"确定"按钮退出。

图 2.84 "设置状态栏文本"对话框

b. 在"行为"选项卡中,选择事件为 Onload。

保存网页,按快捷键 F12 浏览并检查网页,在状态栏处有一行文字"Welcome to my Website!"。

④ 打开浏览器窗口。

"打开浏览器窗口"行为的功能是打开网页的同时又在新的浏览器窗口打开指定的网页。用户可以自定义新窗口的大小、属性和名称等。

下面以打开八珍食府网站的同时会弹出"八珍特价菜肴"宣传网页为例讲解。操作步骤如下。

a. 创建一个页面,在页面中输入相应的网页元素。将网页命名为 chuangkou.htm。

b. 打开主页,单击文档窗口左下角的<body>标签,单击"标签检查器"面板的"行为"选项卡的"添加行为"按钮,在弹出的菜单中选择"打开浏览器窗口"命令,弹出"打开浏览器窗口"对话框,如图 2.85 所示。

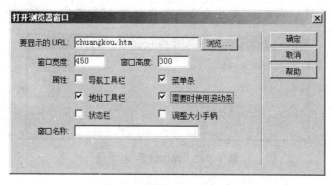

图 2.85 "打开浏览器窗口"对话框

c. 在"要显示的 URL"文本框中输入广告页面的地址:chuangkou.htm。

d. 输入窗口宽度与宽度值,单位为像素,然后在"属性"选项组中选择要显示在浏览器中的组成元素,比如选中"菜单条"、"地址栏"、"需要时使用滚动条"复选框等,输入浏览器窗口名称"八珍特价菜肴",单击"确定"按钮。

e. 在"行为"选项卡中,选择事件为 Onload。设置完成后按快捷键 F12 浏览并检查网页。

Dreamweaver 中内部行为还有很多,这里就不再一一介绍。

2. 推荐制作网页特效的软件

(1) 有声有色

本软件是一款网页特效制作工具。它集合了 360 个十分精彩的 JavaScript 小程序,真正做到了与特效源程序相融合,每一个特效制作窗口均为可视化制作界面,所有特效操作只需要单击鼠标几次就可以完成。其工作界面如图 2.86 所示。

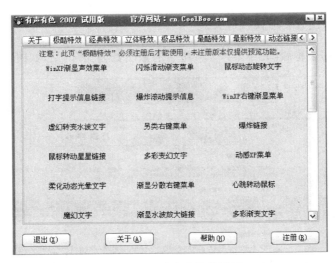

图2.86 有声有色软件界面

（2）网页特效精灵

网页特效精灵是一款网页特效制作工具，包括可以自定义特效和不可自定义特效，适合入门级到专家级使用。软件提供了友好的界面，用户只要单击鼠标几次，就可以完成复杂的特效制作过程，其工作界面如图2.87所示。

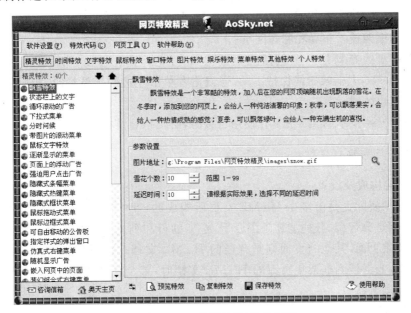

图2.87 《网页特效精灵》软件界面

2.3.6 使用框架排版网页

框架可以把一个浏览器窗口划分为多个区域，每个区域显示不同的网页，它的这个特性使其成为一种常用的页面排版技术。

1. 实例导入：框架排版的网页

【例 2.5】 框架排版网页"××××电子有限责任公司"网站,如图 2.88 所示。

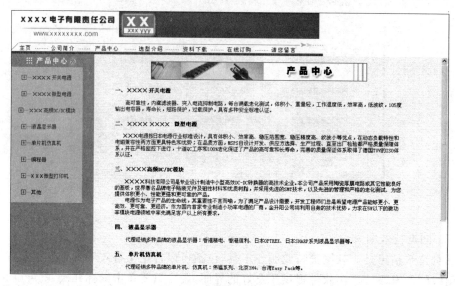

图 2.88　框架排版网页实例

本实例主要涉及以下知识点：

- 使用框架技术布局和制作网页；
- 该网页的布局是一个包括三个框架(topframe,leftframe,mainframe)的框架集 frameset,上框架始终保持不动,当浏览者单击左边的导航栏时,相应的内容显示 在右边区域；
- 使用框架技术的关键是：在使用链接时,必须指定链接的目标位置。

2. 创建与编辑框架结构

(1) 框架构成及设置

一个框架实际上是由多个 HTML 文档所构成的,其中一个页面专门负责框架的集 成,例如框架是分行型、分列型还是混合型,框架的行和列的尺寸如何等。这个页面一般 被称为框架集页面,其他的页面则是普通的 HTML 文档,分别被放置到框架结构中,被 称为框架页,当链接到框架集页面的 HTML 文档时,整个框架以及各 HTML 文档就会 一起显示在浏览器中。

(2) 创建框架

创建框架的方法有很多种,常用的方法有以下三种。

方法一　启动 Dreamweaver 后,单击启动界面中"新建"→"更多"图标,弹出"新建文 档"对话框,单击"示例中的页"选项卡,在"示例文件夹"列表中选择"框架页",然后选择右 侧列表框中的框架样式,如图 2.89 所示。

方法二　选择"文件"菜单→"新建"命令,弹出"新建文档"对话框,如图 2.89 所示。

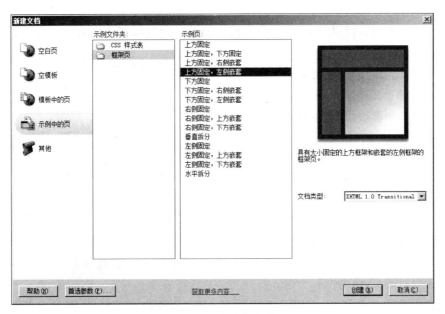

图2.89 创建框架集

方法三 首先新建一个HTML空白文档,选择"插入"栏→"布局"选项→"框架"按钮组→选择某个框架样式,如图2.90所示。

(3)编辑框架

用户可对已经创建好的框架集进行编辑和修改,例如将一个框架拆分成几个更小的框架,或是移动框架的边框来改变框架显示的范围大小。

① 拆分框架。

方法一 单击要拆分的框架内,选择"修改"菜单→"框架集"→拆分(上/下/左/右)命令,如图2.91所示。

方法二 以垂直或水平方式拆分一个框架,单击要拆分的框架,将光标置于边框位置,按住鼠标左键,将边框从文档窗口的边缘拖入文档窗口的某个位置。

图2.90 选择框架集样式

图2.91 拆分框架

② 删除框架。

按住鼠标左键,将框架的边框从文档窗口的某个位置拖至文档窗口的边框外即删除框架。

③ 改变框架的行高和列宽。

将光标置于文档窗口的框架边框处,光标指针变成双向箭头,拖动边框,可改变框架的行高和列宽。

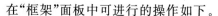

（4）选择框架

选择"窗口"菜单→"框架"命令,打开"框架"面板,如图 2.92 所示。

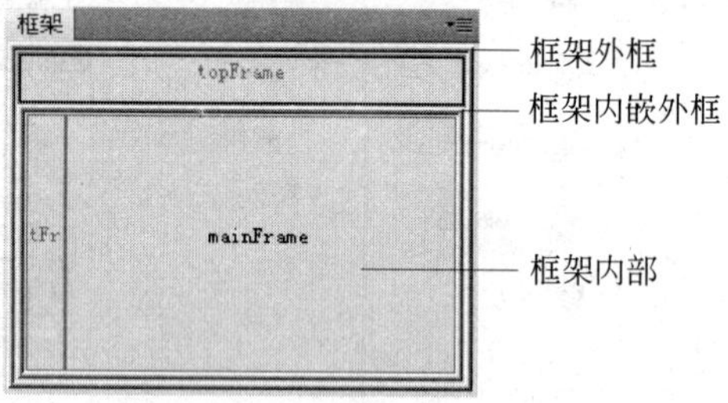

图 2.92　在"框架"面板中选择框架

在"框架"面板中可进行的操作如下。

① 选中框架:单击某个框架内部。

② 选中框架集:单击框架外围的边框;或在文档窗口中,将光标指向框架边框,光标指针变成双向箭头,单击框架边框。

③ 选中嵌套的框架集:如果是嵌套框架,单击框架内嵌的外框,则选中的是嵌套的框架集。

（5）设置框架属性

① 设置框架集属性。选中框架集,在"属性"面板中可以定义框架集的属性,如图 2.93 所示。

图 2.93　框架集属性的设置

框架集各项属性的功能如下。

- 边框:设置文档在浏览器中被浏览时是否显示框架边框。有三种取值:"是"表示显示框架边框;"否"表示不显示框架边框;"默认"表示采用浏览器的默认值。
- 边框宽度:用于设置框架边框宽度。输入的值越大,边框越宽;若为 0 则表示无边框。
- 边框颜色:用于设置框架边框的颜色。
- 行列选定范围:文档窗口被框架划分成行与列,在行、列选择范围中单击行或列,可以设置框架中行与列的尺寸。
- 行(列):用于输入被选中的子框架行或列的宽度或高度值,单位有百分比、像素、相对等。

② 设置框架的属性。选中某个框架,在"属性"面板中可以定义框架属性,如图 2.94 所示。

图 2.94 框架属性的设置

框架各项属性的功能如下。

- 框架名称：指定当前框架名,该名称在设置链接的目标或在脚本中引用框架时使用。
- 源文件：指定在当前框架中显示的网页源文件。
- 滚动：设置当没有足够的空间显示当前框架的内容时是否显示滚动条。有4种取值:"是"表示显示滚动条;"否"表示不显示滚动条;"自动"表示当没有足够空间来显示当前框架的内容时自动显示滚动条;"默认"表示采用浏览器的默认值。
- 不能调整大小：选择此复选框,可禁止用户浏览网页时通过拖动框架边框自行调整框架的大小。
- 边框：决定当前框架是否显示边框。有3种取值:"是"表示显示边框;"否"表示不显示边框;"默认"表示采用浏览器的默认值,大多数浏览器默认为"是"。
- 边框颜色：设置当前框架边框使用的颜色。这项选择会覆盖框架集的边框颜色设置。
- 边界宽度：设置框架中的内容与框架边框的左边距和右边距,以像素为单位。
- 边界高度：设置框架中的内容与框架边框的上边距和下边距,以像素为单位。

（6）设置超链接目标框架

所谓超链接目标框架,是指当单击超链接时,超链接的目标网页文件在哪个框架中显示。例如:对于左窄右宽的列式框架结构,一般是在左边框架的网页中包含超链接的导航信息,而在右边的框架中显示超链接的目标网页文件。操作步骤如下。

① 每个框架要有框架名称,如果还没有框架名称,则打开"框架"面板,选中该框架,在"属性"面板中设置框架名称。

② 选择要定义超链接的对象,例如文字、图像按钮等,在"属性"面板的"链接"文本框中输入链接文件名,或者单击该文本框右侧的"浏览文件"按钮,在"选择文件"对话框中选择要链接的文件。

③ 在"目标"下拉列表中,选择目标框架名,如图 2.95 所示。链接目标的含义如下。

图 2.95 选择链接目标

- _blank：在一个新窗口显示超链接的目标文件,同时保持当前窗口不变。
- _parent：在上一级框架中打开链接文件。
- _self：在当前框架中打开链接,同时替换该框架中的内容。为网页超链接的默认目标窗口。
- _top：删除所有框架,在当前浏览器窗口中打开链接的文档。如果想跳出框架结构,则应选用此项。

• 具体的框架名称：在指定的框架位置显示链接文件。

（7）保存框架和框架集

创建好框架结构，设置好框架的属性后，就要保存框架。此时用户可以单独保存一个框架集文件，或一个框架文件，或保存所有打开的框架文件和框架集文件。

① 保存某个框架页：将光标置于需要保存的框架中，选择"文件"菜单→"保存框架"命令，如果该框架文档是新建的，则将打开"另存为"对话框，在该对话框中选择存储路径并输入文件名，然后保存该框架文档，否则覆盖保存。

② 保存框架集：选中整个框架集，选择"文件"菜单→"保存框架页"或"框架集另存为"命令，保存框架集。如果该框架集是新建的，则将打开"另存为"对话框，在对话框中选择存储路径并输入文件名，然后保存该框架集。

③ 保存所有框架（包括框架集及框架页）：可选择"文件"菜单→"保存全部"命令，这时 Dreamweaver 将逐个保存页面中的所有框架。

（8）编辑无框架内容

如果浏览器不支持框架，则无法显示框架集和框架文档内容，这时必须生成一个无框架文档，当不支持框架的浏览器载入框架文件时，浏览器只会显示无框架内容。编辑无框架内容的操作步骤如下。

① 选择"修改"菜单→"框架集"→"编辑无框架内容"命令，这时，当前文档的内容就会被清除，正文区域的上方出现一个无框架内容的标志，可以在该窗口中执行输入文本、插入图像、编辑表格、制作表单等操作。

② 再次选择"修改"菜单→"框架集"→"编辑无框架内容"命令，即取消编辑无框架内容状态，返回文档窗口。

3. 框架排版网页的制作过程

以下讲解例 2.5 所举利用框架技术进行排版网页的制作过程。本网站是一个销售电子类产品的企业，网站建设的目的是让企业新老客户了解产品的详情，并能在网上及时下载最新的支持资料。由于产品种类非常多，因此将展示产品的这部分网页用框架结构排版，主要的作用是增强产品的导航功能。制作过程如下。

（1）创建一个本地站点 WWW，创建子文件夹 images，将网页图片素材存储在此文件夹中。再创建两个子文件夹 sj 和 mw 作为产品两大类别，将相关产品信息的素材存储在此文件夹中，随后建立的有关产品信息的网页也存储在这两个文件夹中。

（2）规划框架结构如图 2.96 所示。其中包含了四个网页，分别是 top.html、left.html、main.html 及框架集页面 cp.html。

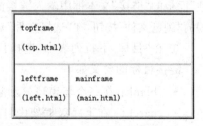

图 2.96　框架结构图

（3）分别编辑三个网页：top.htm、left.htm 和 main.htm。

① 编辑 top.htm：新建一个文档，插入一个表格，表格宽度为 750 像素，高度为 99 像素，在单元格中插入图像和 Flash 动画，保存网页，如图 2.97 所示。

图 2.97 top.html 网页

② 编辑 left.html：新建一个文档，插入一个表格，表格宽度为 150，插入多个鼠标经过图像，构成一个纵向导航条，保存网页，如图 2.98 所示。

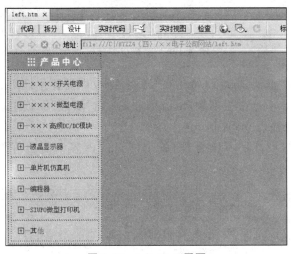

图 2.98 left.html 网页

③ 编辑 main.html：新建一个文档，插入一个表格，表格宽度为 90％，输入文本和图像，选中文本和图像，单击"属性"面板中"内缩区块"按钮，结果如图 2.99 所示。

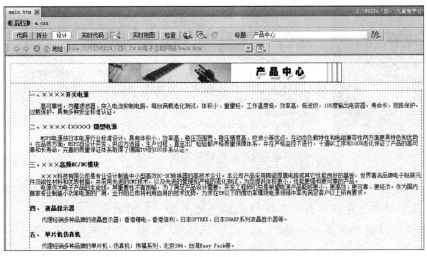

图 2.99 main.html 网页

最后编辑产品的其他页面,例如 mw/mw.htm、sj/sj.htm 等。

(4) 创建框架集。选择"文件"菜单→"新建"命令,弹出"新建文档"对话框,单击"示例中的页"选项卡,在"示例文件夹"中选择"框架页"及右侧列表框中的框架样式,选择"上方固定,左方嵌套"的样式,如图 2.89 所示。

(5) 选择"窗口"菜单→"框架"命令,打开"框架"面板。单击顶部框架(topframe)区域内,在"属性"面板中设置顶部框架的属性,在源文件文本框处输入 top.htm,设置为无边框,"滚动"为否,选中"不能调整大小"复选框等,如图 2.100 所示。

图 2.100　设置框架属性

(6) 同理,选中左框架(leftFrame),在"属性"面板中设置左框架的属性,在"源文件"文本框处输入 left.htm;选中主框架(mainFrame),在"属性"面板中设置主框架的属性,在"源文件"文本框处输入 main.htm。

此时框架结构的尺寸还不够合理,各个网页的内容不能很好地显示,如图 2.101 所示。

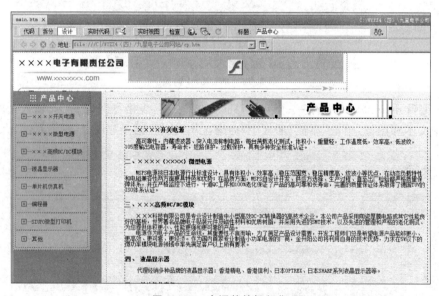

图 2.101　未调整的框架集

(7) 调整框架结构。令光标指向框架边框处,光标指针变为双向箭头,移动框架的边框,调整框架显示的范围。此时框架行高和列宽不是一个精确值。

要精确地设置框架显示的范围,则应打开"框架"面板,单击框架外框,在"属性"面板中输入行高为 99 像素,如图 2.102 所示。为什么要设置行高为 99 像素呢? 这是因为

top. html 中表格的高度为 99 像素。单击"框架"面板中嵌套框架集的外框(上、下拆分处的边框),在"属性"面板中设置列宽为 150 像素,为什么设置列宽为 150 像素?因为 left. html 中表格的宽度为 150 像素。

图 2.102 精确设置框架显示范围

注意:框架的行高和列宽的设置与网页内容相关联,这样页面的内容才能合理显示在框架中。

(8) 添加超链接。left. html 中包含了一个导航条,添加超链接,比如选中第一个导航条按钮,在"属性"面板中的"链接"文本框中输入链接地址 mw/mw. htm,"目标"下拉列表中选择框架名称为 mainFrame,其他导航按钮的链接目标均为 mainFrame。再添加 top. html 中的超链接,选中"公司简介"图像按钮,在"链接"文本框中输入链接地址:intro. html,"目标"下拉列表中选择_top,公司简介网页将在无框架状态显示。

(9) 选中整个框架集,选择"文件"菜单→"框架集另存"或"保存框架页"命令,保存框架集,最后在浏览器中浏览网页效果。

注意:可先创建框架集,然后在框架中进行各个网页的编辑,编辑完成后保存各个框架及框架集。但是这样做有一些缺点,就是框架中的网页编辑始终在一个小区域,不太方便,因此本实例是单独创建页面,然后通过框架的属性设置将页面链接到框架集中的。

练 习 题

1. 选择题

(1) 在 Dreamweaver 中,表格的主要用途是( )。

    A. 存放数据和布局网页   B. 布局网页和存放图像

    C. 存放数据和装饰页面   D. 装饰页面和存放图像

(2) ( )决定单元格边框和单元格内容之间的距离。

    A. 表格边框   B. 表格大小   C. 单元格边距   D. 单元格间距

(3) 在 Dreamweaver 中,( )可以在页面中自由移动。

    A. 表格   B. 框架   C. 图像   D. 层(AP Div)

(4) 关于层的叙述,说法不正确的是( )。

    A. 层的内容可以被覆盖在页面内容的下面

    B. 层可以显示但不可以被隐藏

    C. 层通过修改属性面板上的 Z 轴值,改变叠放顺序

D. 层可以转换为表格

(5) 关于框架,说法正确的是(　　　)。

A. 框架可以在页面中自由移动　　　B. 框架的边框可以设置为红色

C. 框架一旦创建就无法删除　　　　D. 框架只可以作为导航条使用

2. 简答题

(1) 简述表格在网页中的作用。

(2) 什么是层? 层有什么特点?

(3) 什么是框架? 框架和框架集关系是什么? 它们的功能是什么?

上 机 实 训

1. 实训要求

(1) 根据表格排版网页草图,如图 2.103 所示,利用表格设计网页布局,在单元格中添加网页元素。

图 2.103　表格排版网页草图

(2) 根据层排版网页草图,如图 2.104 所示,利用层设计网页布局,并向层中添加网页元素。

(3) 在第(2)步的基础上,利用 Dreamweaver 内部行为添加网页动态效果:弹出信息和打开浏览器窗口。

(4) 根据框架排版网页草图,如图 2.105 所示,利用框架设计网页布局,左框架中是导航条,在上框架中插入图片和 Flash 动画,在主框架中插入图片和文本。

图2.104 层排版网页草图

图2.105 框架排版网页草图

2. 背景知识

根据任务2.3所学的网页布局、行为的知识,综合前面所学的创建站点及编辑网页的知识,进行网页不同排版方式的练习。

3. 实训准备工作

实训素材和网页草图发送到学生的主机中,以供学生参考使用。

4. 课时安排

上机实训课时安排为4课时。(1)、(4)项实训要求共为2课时,(2)、(3)项实训要求共为2课时。

5. 实训指导

(1) 表格设计网页布局

① 首先创建一个本地站点,新建一个文档(其余几个实训是一样的,这是必需的一个

步骤),然后单击"属性"面板中的"页面属性"按钮,弹出"页面属性"对话框,单击"跟踪图像"选项卡,将草图导入到跟踪图像中,改变透明度为50%。

② 选择"插入"栏→"常用"按钮组→"表格"按钮,插入3个表格(上、中、下),表格的宽度与草图总的宽度相同,均为853像素,每一个表格为两列,左侧单元格的宽度为161像素,如图2.106所示。

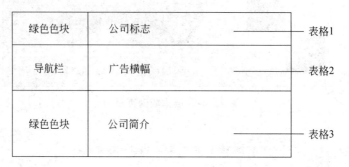

图 2.106　利用表格布局网页结构图

③ 插入网页元素。打开"页面属性"对话框,删除跟踪图像,保存网页。

(2) 层设计网页布局

① 创建本地站点,创建一个HTML文档,在"页面属性"中插入跟踪图像,单击"插入"栏→"布局"按钮组→"绘制AP Div"按钮,共绘制7层,注意层的排列位置、叠放顺序,如图2.107所示。

```
┌─────────────┬───────────────────────┐
│   层1       │  层5                   │
├─────────────┤    ┌──────────────┐    │
│   层2       │    │   层6        │    │
├─────────────┤    └──────────────┘    │
│   层3       │    ┌──────────────┐    │
├─────────────┤    │   层7        │    │
│   层4       │    └──────────────┘    │
└─────────────┴───────────────────────┘
```

图 2.107　利用层布局网页结构

② 根据草图,在各层内插入相应的网页元素。保存网页,浏览网页效果。

(3) 在第(2)步的基础上继续制作网页动态效果

特效1:弹出信息

① 单击网页右侧的汽车图片,选择"窗口"菜单→"行为"命令,打开"标签检索器"面板的"行为"选项卡,单击"行为"选项卡中的"添加行为"按钮,选中"弹出信息"命令,在"弹出信息"对话框中输入"欢迎光临汽车沙龙",单击"确定"按钮。

② 在"行为"选项卡中,选中事件为onclick。

特效2:打开浏览窗口

① 新建一个网页,在网页中输入文本,插入图像,将网页内容集中在网页的左上部,保存为guanggao.htm。

② 打开(2)中用层布局的网页,单击文档窗口左下角的＜body＞标签,单击"行为"选项卡中"添加行为"按钮,选择"打开浏览器窗口"命令,在"打开浏览器窗口"对话框中,输入网页地址guanggao.htm,定义窗口大小及其他属性,单击"确定"按钮。

③ 在"行为"选项卡中,选择事件为 onload。

(4) 框架设计网页布局

网页的框架布局图,如图 2.108 所示。

topFrame(包含的是top.htm)	
leftFrame (包含的是 left.htm)	mainFrame(包含的是main.htm)

图 2.108 利用框架布局网页结构

① 制作三个网页分别为 top.htm、left.htm 和 main.htm,注意这三个网页中所包含的网页内容:top.htm 包括的是标志,如图 2.109 所示;left.htm 包括的是导航条,如图 2.110 所示;main.htm 包括的是文本和图像内容,如图 2.111 所示。

图 2.109 top.htm

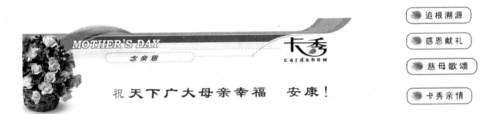

图 2.110 left.htm

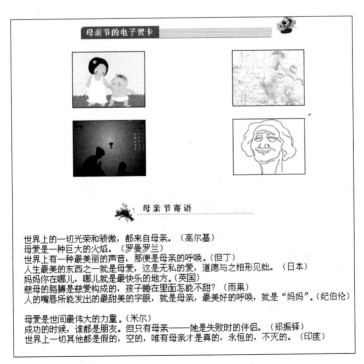

图 2.111 main.htm

② 选择"文件"菜单→"新建"命令,弹出"新建文档"对话框,单击"示例中的页"选项卡,在"示例文件夹"列表中选择"框架页"及右侧列表框中的框架样式,选择"上方固定,左侧嵌套"的样式。

③ 打开"框架"面板,然后选中 topFrame 框架,在"属性"面板中设置框架属性,在"源文件"文本框中输入 top. htm。同理选中 leftFrame 框架、mainFrame 框架分别设置"框架"属性,网页路径分别为 left. htm 和 main. htm,将各个框架页面链接到框架集中。制作"追根溯源"的网页为 main0. htm,并制作导航条所要链接的其他网页。

④ 单击左框架内,选中第 1 个导航条按钮,在"属性"面板中添加超链接地址 main. htm,第 2 个导航栏按钮的链接地址为 main0. htm,这两个超链接的链接目标均为mainFrame。

⑤ 光标指针放在框架边框处,调整各框架的显示范围,或选中"框架集",在"属性"面板中,设置框架的行高或列宽。

⑥ 打开"框架"面板,选中框架集,选择"文件"菜单→"框架集另存为"或"保存框架页"命令,保存框架集。

评价内容与标准

评 价 项 目	评 价 内 容	评 价 标 准
网页布局	(1) 正确采用表格技术排版网页 (2) 正确采用框架技术排版网页 (3) 正确采用层技术排版网页	(1) 表格、框架、层排版网页正确、合理、美观 (2) 链接及链接目标设置正确 (3) 网页正确保存
插入网页元素	(1) 插入各种网页元素 (2) 设置网页元素的属性 (3) 保存网页	
使用超链接	(1) 设置超链接 (2) 链接目标的设置	

评 分 等 级

优	能高效、高质量完成各项能力的实训,并能独立解决遇到的特殊问题
良	能圆满完成各项能力的实训,偶有个别问题需要老师指导
中	能完成各项能力的实训,但有些问题需要同学和老师的指导
差	不能很好地完成各项能力的实训

成绩评定及学生总结

教师评语及改进意见	学生对实训的总结与意见

任务 2.4 网页布局新技术——CSS+Div

CSS(Cascading Style Sheets),中文译为层叠样式表,用于定义 HTML 元素的显示形式,是 W3C 推出的格式化网页内容的标准技术,是用于控制网页样式并允许样式信息与网页内容分离的一种标记性语言。

2.4.1 实例导入:应用 CSS 样式的网页

CSS 是由一系列样式选择器和 CSS 属性组成的,它支持文本属性、背景属性、边框属性、列表属性以及精确定位网页元素属性等,增强了网页的格式化功能。

使用 CSS 的另一个优点是可以利用同一个样式表对整个站点的具有相同性质的网页元素进行格式修饰,当需要更改样式设置时,只要在这个样式表中修改,而不用对每个页面逐个进行修改,简化了格式化网页的工作。

【例 2.6】 HTML 标签的简单应用示例,在网页中若使每个段落的文字用深灰色显示,那么 HTML 源代码就要写成:

```
<p><font color="#999999">段落 1</font></p>
<p><font color="#999999">段落 2</font></p>
```

如果想把段落字体改为红色,则必须对每段文字颜色的代码进行修改,这将非常麻烦。而 CSS 样式表又是怎么解决这个问题的呢?

【例 2.7】 CSS 颜色设置的简单应用,只需在<head>和</head>之间添加如下 CSS 代码:

```
<style type=text/css>
<!--
p{
color:# 999999;
}
-->
</style>
```

这样处理的结果是,所有段落文字处不用设置任何字体颜色即呈现为深灰色,如果要改成红色,则只需将上述代码中 color:#999999 修改为 color:#FF0000 即可。

在 Dreamweaver CS5 中网页是基于 CSS 进行构造的。从下面的页面属性和文本样式的设置可以说明这一点。

【例 2.8】 页面属性的设置。

新建一个页面,然后单击"属性"面板中的"页面属性"按钮,弹出"页面属性"对话框,如图 2.112 所示,在此进行如下设置。

(1) "外观(CSS)"选项卡,见图 2.112(a):设置字体"大小"为 12 像素,"背景图像"选择 images/bg.gif,"重复"属性选择"no-repeat",页边距均为 0。

(2) "链接(CSS)"选项卡,见图 2.112(b):设置文本链接特效,"链接颜色"为深灰色(#999),"变换图像链接"(即光标经过时的颜色)为红色(#F00),"已访问链接"为深灰

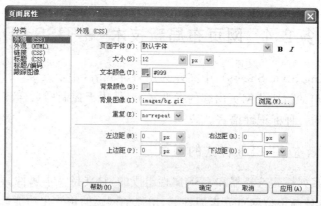

(a) "外观"选项卡

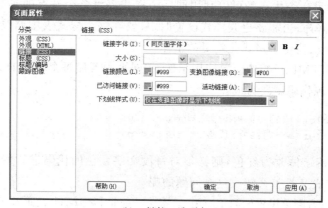

(b) "链接"选项卡

图 2.112 在"页面属性"对话框中设置 CSS 样式

色(♯999),"下划线样式"选择"仅在变换图像时显示下划线"。

这些设置会自动生成 CSS 代码,在<head>和</head>中出现,CSS 样式会自动应用于网页。

【例 2.9】 文本样式的设置。

选中文本时,在"属性"面板 CSS 选项卡中进行文本属性设置,如字体大小为 18 像素,颜色为♯FC0,当设置字体大小时,会弹出"新建 CSS 规则"对话框,如图 2.113 所示,在"选择器类型"下拉列表中选择"类(可应用于任何 HTML 元素)",在"选择器名称"中输入样式名 myfont,在"规则定义"中选择"(仅限该文档)"属性。

【例 2.10】 利用 CSS 样式还可以代替表格进行网页布局,这是目前较为流行的页面布局方式,示例如图 2.114 所示。

该实例主要采用了 CSS 样式+Div 标签,主要涉及以下几个知识点。该实例最终完成将在 2.4.4 小节实现。

- 分析构架:画出构架图。
- 模块拆分:分别定义特定 ID 的 Div 标签的 CSS 样式。
- 在网页中插入 Div 标签,在 Div 中插入网页元素。

- 插入 spry 选项卡式面板。
- 总体调整：色彩及内容的调整，适当修改 CSS 样式。

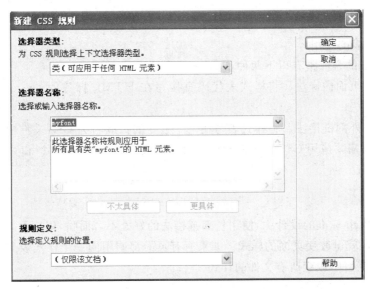

图 2.113 "新建 CSS 规则"对话框

图 2.114 利用 CSS＋Div 进行网页布局

2.4.2　了解 CSS

1. CSS 概述

（1）样式表的使用

使用 CSS 的方法常有以下两种。

方法一　页面内嵌法。将样式表代码直接写在 HTML 标签的<head>和</head>之间。

方法二　外部链接法。将样式表写在一个独立的扩展名为 CSS 文件中，如文件名为 master.css，在需要应用 CSS 样式的网页中链接该文件，在页面<head>和</head>之间用以下代码调用。

```
<link href="css/master.css" rel="stylesheet" type="text/css" />
```

在符合 Web 标准的设计中，使用外部链接法的好处不言而喻，用户无需修改页面，只修改 CSS 文件就可改变页面的样式。如果所有页面都调用同一个样式表文件，那么只修改一个样式表文件，改变所有文件的样式。

（2）CSS 样式表语法

```
选择符 { 属性 1:值 1;属性 2:值 2;… }
```

参数说明：属性和属性值之间用冒号（:）隔开，定义多个属性时，属性之间用分号（;）隔开。

2. 在 Dreamweaver 中定义 CSS

（1）创建 CSS 样式

选择"窗口"菜单→"CSS 样式"命令，打开"CSS 样式"面板，单击右下角的"新建 CSS 规则"按钮，或选择"格式"菜单→"CSS 样式"→"新建"命令，弹出"新建 CSS 规则"对话框，如图 2.115 所示。

该对话框中各属性的功能如下。

① 选择器类型。

- 类（可应用于任何 HTML 元素）：自定义 CSS 规则，它的特点是灵活多变，可以重复将样式应用于网页元素。在应用时，它会在 HTML 标签内加入一个类（class）的定义来规定标签中的格式。比如将类的样式 mystyle 定义于某个标题，那么代码如下：

```
<h1 class="mystyle">标题 1 应用自定义的样式</h1>
```

- 标签（重新定义 HTML 元素）：重新定义指定 HTML 标签的外观，例如：创建或更改 h1 标签的 CSS 样式时，所有用 h1 标签设置了格式的文本都会立即更新，实现了批量快速更改格式的特点。

- ID（仅应用于一个 HTML 元素）：定义 ID 的 CSS 样式，即针对特定网页元素的样式设置，仅用于命名为 ID 的网页元素。

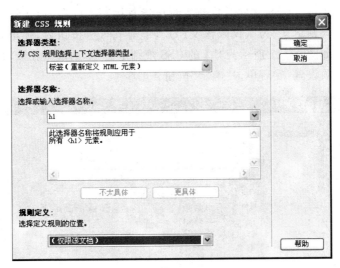

图 2.115 "新建 CSS 规则"对话框

- 复合内容(基于选择的内容):在 CSS 选择器中,它的功能最为强大,可以定义超链接的特效,定义特定元素组合的样式设置(例如 body, table, td,组合用逗号隔开),还可定义嵌套的样式(如"td img",嵌套用空格隔开)。

② CSS 规则定义的位置。

定义的位置有以下三种情况。

- 选择"(仅限该文档)",此时 CSS 样式的代码会嵌套在网页<head>和</head>标签中。
- 选择"(新建样式表文件)",则弹出"保存样式表文件为"对话框,如图 2.116 所示。在此选择样式文件的存储路径和文件名,单击"保存"按钮,将 CSS 样式代码单独存放在一个 CSS 文件。

图 2.116 "保存样式表文件为"对话框

• 选择"已有的某 CSS 文件",将新建的 CSS 规则写入已有的 CSS 文件中。

例如,选择"规则定义"为"(仅限该文档)",单击"确定"按钮后,弹出"××的 CSS 规则定义"对话框,如图 2.117 所示为"h1 的 CSS 规则定义"对话框。在该对话框中对 h1 标签进行样式的各项设置,然后单击"确定"按钮。

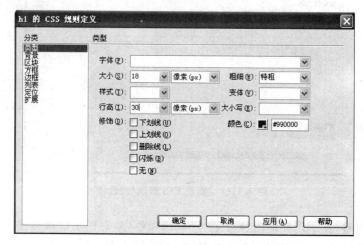

图 2.117 "h1 的 CSS 规则定义"对话框

(2) 编辑和删除 CSS 样式

创建 CSS 样式后,如果要修改 CSS 样式,则在"CSS 样式"面板中,单击"CSS 样式"面板右下角的"编辑样式"按钮 ,进入"CSS 规则定义"对话框,在此进行修改。

当不再需要某个 CSS 样式时,在"CSS 样式"面板中,首先选中这个样式,单击 CSS 样式面板右下角的"删除 CSS 规则"按钮 即可。

2.4.3 应用 CSS 美化网页

【例 2.11】 应用 CSS 样式设计出图文混排效果,如图 2.118 所示。

此实例所涉及的知识点是 CSS 样式的创建和应用:

• 背景样式、文本及列表样式、方框与边框样式、动态链接样式;
• 建立单独的 CSS 文件,将其应用于多个网页。

1. 背景样式的应用

在图 2.118 中,上方橘黄色的横条其实是重定义了 body 标签的网页背景图像,背景图像横向重复;对网页元素与页边距也进行了设置,其操作步骤如下。

(1) 单击"窗口"菜单→"CSS 样式"命令,打开"CSS 样式"面板,单击面板右下角的"新建 CSS 规则"按钮,弹出"新建 CSS 规则"对话框,选择"选择器类型"为"标签(重新定义 HTML 元素)",在"选择器名称"下拉列表中选择 body,选择"规则定义"为"(仅限该文档)",单击"确定"按钮,弹出"body 的 CSS 规则定义"对话框,单击"背景"选项卡,设置背景图像为 images/bg.gif,打开"重复"下拉列表,选择"横向重复"命令,如图 2.119 所示。

(2) 设置页边距。打开"body 的 CSS 规则定义"对话框的"方框"选项卡,选中"填充"

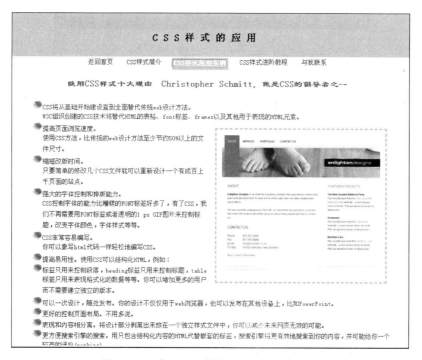

图 2.118 应用 CSS 样式设计图文混排效果

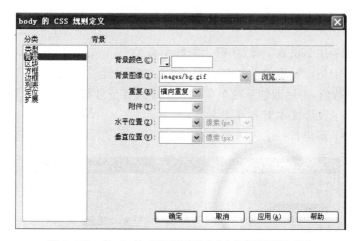

图 2.119 "body 的 CSS 规则定义"中的"背景"选项卡

选项组中的"全部相同"复选框,上、下、左、右边距值均为 0,"边界"选项组中分别设置"上"、"下"均为 50 像素,"左"、"右"均为 100 像素,如图 2.120 所示。

2. 文本及列表的应用

在例 2.11 中,文本和列表都应用了 CSS 样式,分别设置字体、段落、列表的相关属性。第一行文本是标题 1(标签为 h1),第二行文本是标题 2(标签为 h2),正文部分用了列表(标签为 ul)。

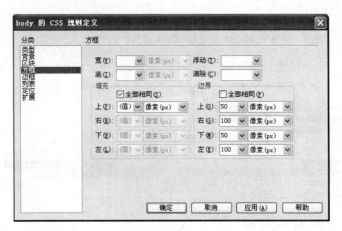

图 2.120　"body 的 CSS 规则定义"中的"方框"选项卡

（1）字体样式的设置

在"h1 的 CSS 规则定义"对话框的"类型"选项卡中，设置文本的字体、字体大小、字体颜色、字体修饰、字体的粗细、行高等，如图 2.117 所示。

（2）文本段落的样式设置

在"h1 的 CSS 规则定义"对话框的"区块"选项卡，如图 2.121 所示，可在其中设置以下参数。

① 单词间距：用于设置每个单词之间的距离，距离的单位有很多种，一般用像素来设置。

② 字母间距：用于设置字母、字符之间的距离。

③ 垂直对齐：指定对象的纵向对齐方式，比如可以设置文本的上标和下标等，如果输入一个具体的数值，则后面的下拉菜单框中显示为百分号，表示这个值是相对值。

④ 文本对齐：设置文本对齐方式。

⑤ 文本缩进：指定首行缩进的数值。

图 2.121　"h1 的 CSS 规则定义"中的"区块"选项卡

（3）标题的设置

对标题的设置,操作步骤如下。

① 重定义标题 1。在"新建 CSS 规则"对话框中,选择"选择器类型"为"标签(重新定义 HTML 元素)",在"选择器名称"下拉列表中选择 h1,选择"规则定义"为"(仅限该文档)",单击"确定"按钮,弹出"h1 的 CSS 规则定义"对话框。在"类型"选项卡中,定义字体大小为 24 像素,粗细为特粗,行高为 30 像素,颜色为深红色(♯900);单击"区块"选项卡,选择"文本对齐"方式为居中,"字母间距"为 10 像素。

② 重定义标题 2。方法与步骤①相同,单击"类型"选项卡,设置字体大小为 18 像素,粗细为粗体,行高为 25 像素,颜色为深蓝色(♯006),单击"区块"选项卡,设置"文本对齐"方式为居中。

（4）列表的样式设置

列表样式包括类型和项目符号图像等属性。"列表"选项卡如图 2.122 所示。

图 2.122　"ul 的 CSS 规则定义"的"列表"选项卡对话框

① 类型：设置项目符号或编号的外观。

② 项目符号图像：指定图像替代项目符号的样式,美化项目符号。

这里重定义项目列表(标签为 ul)。方法与标题设置时的步骤①相同,在弹出的"ul 的 CSS 规则定义"对话框中,在"类型"选项卡中,设置字体大小为 14 像素,字体颜色为深灰色(♯666),行高为 20 像素。单击"列表"选项卡,如图 2.122 所示,在"项目符号图像"文本框中输入 URL 地址 images/li.gif,"位置"下拉列表不设置,即为默认(位置有两种,即"外"和"内",默认为"外"),单击"确定"按钮。

3. 方框和边框样式的应用

在例 2.11 中,在正文的右侧插入一幅图像,通过 CSS 样式的应用,实现图文混排的效果。该实例主要应设置方框的浮动和边界及填充的距离,实现图像与文本之间的环绕。另外,还要添加一个虚线边框样式修饰图像。方法为首先定义一个类的 CSS 规则,然后将此类应用于某个图像上。

（1）图像方框的设置

以如图 2.123 所示的"．myimages 的 CSS 规则定义"对话框为例，打开"方框"选项卡，其主要的几个属性的功能如下。

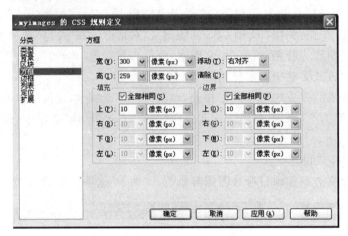

图 2.123　"方框"选项卡的设置

① 高度和宽度：方框的尺寸。

② 浮动：设置方框浮于页面的位置为：左对齐、右对齐、无。

③"填充"选项组：设置位于方框中的网页元素到方框边框的距离。

④ 边界：设置方框边缘与周围元素之间的距离。

（2）图像边框的设置

在如图 2.124 所示"．myimages 的 CSS 规则定义"对话框的"边框"选项卡中，主要包括"样式"选项组、"宽度"选项组和"颜色"选项组等。

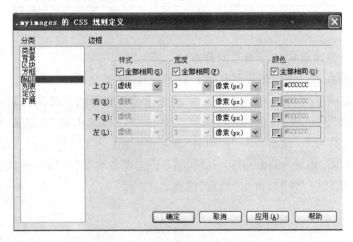

图 2.124　"边框"选项卡的设置

对于例 2.11，需先定义一个类的 CSS 规则，然后将此类应用于指定图像上。操作步骤如下。

① 单击"新建 CSS 规则"按钮,在弹出的"新建 CSS 规则"对话框中设置"选择器类型"为"类(可应用于任何 HTML 元素)",在"选择器名称"文本框中输入 myimages,选择"规则定义"为"(仅限该文档)",单击"确定"按钮。

② 方框的参数设置,如图 2.123 所示。

③ 边框的参数设置,如图 2.124 所示。

④ 类的应用。将自定义的 CSS 规则应用于网页元素,常用的方法有两种。

方法一 选中网页元素,在"CSS 样式"面板中选中准备应用的样式,右击,在弹出的快捷菜单中选择"套用"命令,如图 2.125(a)所示。

方法二 选中网页元素,在"属性"面板中,在"类"下拉列表中选择类名称 myimages,如图 2.125(b)所示。

(a)

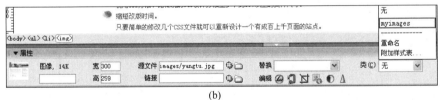

(b)

图 2.125 将自定义的类应用于网页元素

4. 动态链接样式的应用

简单的 CSS 链接样式可以在页面属性中的"链接(CSS)"选项卡中设置,这在例 2.8 中已经讲过。

但是,在例 2.11 中,建立了较为复杂的 CSS 链接样式,当光标经过链接文字时,文字颜色会变色、字体样式变粗、出现背景颜色、文字修饰有下划线等。这里讲解两个重要的知识点:如何建立 CSS 链接样式和如何调用外部 CSS 样式。

(1)建立链接 CSS 样式

① 单击"CSS 样式"面板中的"新建 CSS 规则"按钮,打开"新建 CSS 规则"对话框,设置"选择器类型"为"复合内容(基于选择的内容)",在"选择器名称"下拉列表中选择

a:link(链接后效果),选择"规则定义"为"(新建样式表文件)",如图 2.126 所示。单击"确定"按钮,弹出"保存样式表文件为"对话框,如图 2.127 所示,选择存储路径和输入文件名,单击"保存"按钮退出。弹出"a:link 的 CSS 规则定义"对话框,定义"字体颜色"为"灰色(♯666)","字体修饰"为"无"。

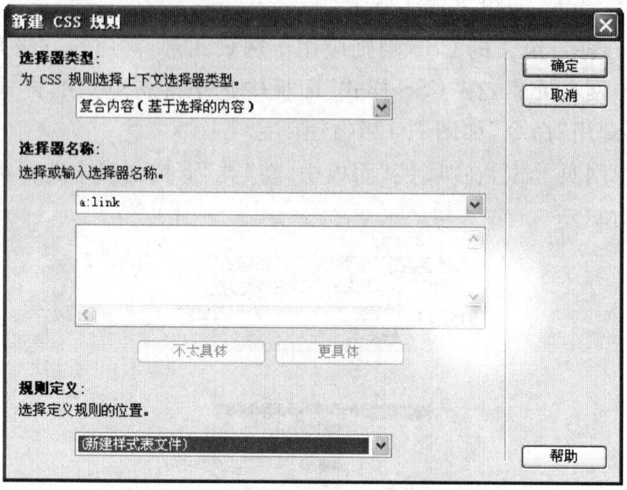

图 2.126   设置链接的 CSS 样式

图 2.127   "保存样式表文件为"对话框

② 打开"CSS 样式"面板,选中 a:link,右击,在弹出的快捷菜单中选择"复制"命令,如图 2.128 所示,弹出"复制 CSS 规则"对话框,如图 2.129 所示。打开"选择器名称"下拉列表,选择 a:visited,不对样式做任何修改,则链接后与访问后效果将一致。

③ 再次复制 a:link 样式。这次"选择器名称"选择 a:hover,单击"确定"按钮。在"CSS 样式"面板中,选中 a:hover,单击"CSS 样式"面板右下角的"编辑样式"按钮,弹出"a:hover 的 CSS 规则定义"对话框。

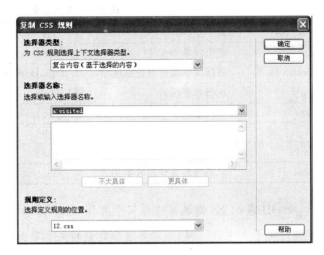

图 2.128　复制 CSS 样式　　　　　　图 2.129　"复制 CSS 规则"对话框

④ 在"类型"选项卡中,设定颜色为白色,修饰选中"下划线",在"粗细"下拉列表中选择"粗体"。单击"背景"选项卡,设置背景颜色为橘黄色(♯FC0),单击"确定"按钮。

(2) 调用外部 CSS 样式文件

若在其他网页中应用刚才建立的 CSS 样式文件,则应如何调用这个 CSS 样式文件呢?

假设调用名为 aa.css 的 CSS 样式文件,单击"CSS 样式"面板中的"附加样式表"按钮 ,弹出"链接外部样式表"对话框,在"文件/URL"文本框中输入外部 CSS 文件路径和文件名,"添加为"选择"链接"单选按钮,则可将新建的样式文件链接到此网页,如图 2.130 所示。

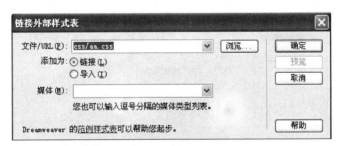

图 2.130　"链接外部样式表"对话框

5. 滤镜效果的应用

CSS 滤镜并不是浏览器的插件,也不符合 CSS 标准,而是微软公司为增强浏览器功能而特意开发的并整合在 IE 浏览器中的一类功能集合。由于 IE 浏览器有着广泛的使用范围,因此 CSS 滤镜也被广大设计者所喜爱。

CSS 滤镜可以为样式控制的对象指定特殊效果,如表 2.1 所示。

表 2.1　滤镜效果

名　称	功　能	名　称	功　能
Alpha	透明效果	Blur	模糊效果
Chroma	将指定的颜色设置成透明	Dropshadow	投影效果
FlipH	进行水平翻转	FlipV	进行垂直翻转
Glow	发光效果	Grayscale	产生灰阶
Invert	反转底片效果	Light	灯光投影
Mask	遮罩	Shadow	阴影效果
Wave	水平与垂直波动效果	Xray	设置 X 光效果

　　注意：CSS 滤镜只能作用于有区域限制的对象，如表格、单元格、图片等，而不能直接作用于文字，所以把所需要增加特效的文本事先放在单元格或层中，然后对单元格或层应用 CSS 样式。

　　【例 2.12】　设置图像的半透明效果，具体操作步骤如下。

　　(1) 新建一个网页，网页背景颜色为黑色，插入两幅完全相同的图像。

　　(2) 打开"CSS 样式"面板，单击"新建 CSS 规则"按钮，弹出"新建 CSS 规则"对话框，"选择器类型"为"类（可应用于任何 HTML 元素）"，"选择器名称"为 alpha，"规则定义"为"（仅限该文档）"，单击"确定"按钮，弹出".alpha 的 CSS 规则定义"对话框，打开"扩展"选项卡，在"滤镜"文本框中输入"Alpha(Opacity＝50)"，单击"确定"按钮，如图 2.131 所示。

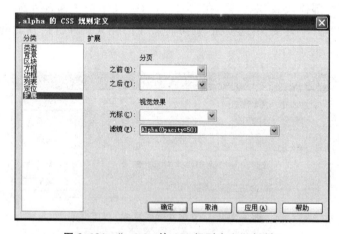

图 2.131　".alpha 的 CSS 规则定义"对话框

　　(3) 在文档窗口中选中图像，在"属性"面板中，单击"类"下拉列表，选中类名为 alpha。按下快捷键 F12，浏览并检查网页，如图 2.132 所示。

　　【例 2.13】　设置图像的模糊效果，具体操作步骤如下。

　　(1) 打开"CSS 样式"面板，单击"新建 CSS 规则"按钮，弹出"新建 CSS 规则"对话框，"选择器类型"为"类（可应用于任何 HTML 元素）"，输入"选择器名称"为 blur，"规则定义"为"（仅限该文档）"，单击"确定"按钮，弹出"blur 的 CSS 规则定义"对话框，单击"扩

图 2.132　alpha 滤镜网页效果图

展"选项卡,在"滤镜"下拉列表中选择 blur,输入"blur(Add＝0,Direction＝45,Strength＝20)",单击"确定"按钮。

（2）在文档窗口中选中图像,在"属性"面板中,在"类"下拉列表中选择类名 blur。

按快捷键 F12 浏览网页效果,如图 2.133 所示。blur 滤镜效果与 Photoshop 中的高斯模糊非常相似。

图 2.133　blur 滤镜网页效果

CSS 滤镜样式非常多,可以在不使用大型图形制作软件的基础上制作出绚丽的特效。由于篇幅有限,这里就不一一介绍了。

2.4.4　利用 CSS＋Div 进行网页布局

CSS＋Div 是网站标准(或称"Web 标准")中常用术语之一,它是一种网页的布局方法,有别于传统的 HTML 网页设计语言中的表格(table)定位方式,可实现网页页面内容与表现相分离。

利用 CSS 样式还可以代替表格进行网页布局。下面以例 2.10 为例,讲解如何利用 Div 标签和 CSS 样式的定义进行网页的排版,制作过程如下。

1. 分析网页结构

例 2.10 网页布局如图 2.134 所示。

2. 模块拆分

一个总的 Div 标签,它包含了 5 个 Div 标签。

（1）container：最大的容器。将所有内容包

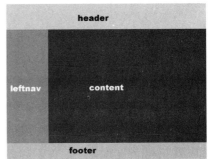

图 2.134　网页布局图

含在内。Width：950px。

（2）header：网站头部图标。包含了一幅家具图像和 Flash 动画。Width：950px，Height：260px。

（3）leftnav：左侧导航条。Width：200px，浮动为左对齐。

（4）content：网站的主要内容。左侧边界为 200px。

（5）footer：网站底栏，包含版权信息等，设置"清除"为"两者"。

3. 定义 Div 标签的 CSS 样式

定义页面属性和特定 ID 的 Div 标签的 CSS 样式。操作过程如下。

（1）创建本地站点，站点中包括两个子文件夹 images 和 css，分别用于存储图像素材和 CSS 样式文件。

（2）定义页面属性。单击"属性"面板中的"页面属性"按钮，弹出"页面属性"对话框，设置背景颜色为浅黄色（#FF9），字体大小为 14 像素，页边距均为 0；定义网页标题为"汀兰制作室"。

（3）定义"#containter"的 CSS 样式。打开"CSS 样式"面板，单击"新建 CSS 规则"按钮，在弹出的"新建 CSS 规则"对话框中，如图 2.135 所示，"选择器类型"设置为"ID（仅应用于一个 HTML 元素）"，在"选择器名称"文本框中输入 #container，"规则定义"为"（新建样式表文件）"，单击"确定"按钮，弹出"保存样式表文件"对话框，选择文件存储路径和文件名为 css/master.css，单击"保存"按钮。弹出"#container 的 CSS 规则定义"对话框，打开"方框"选项卡，输入宽度为 950 像素，填充均为 0，边界的上、下均为 0，左、右设置为自动；打开"背景"选项卡，设置背景颜色为深红色（#900）。

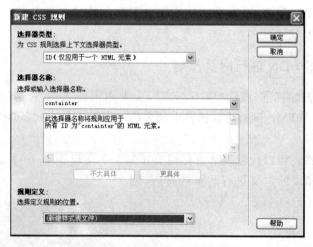

图 2.135　"新建 CSS 规则"对话框

（4）定义"#header"的 CSS 样式。与步骤（3）相同，在"选择器名称"文本框中输入 #header，"规则定义"为 master.css。弹出"#header 的 CSS 规则定义"对话框，打开"方框"选项卡，输入宽度为 950 像素，高度为 110 像素，填充均为 0，边界均为 0；单击"背景"选项卡，背景图像为".. /images/biaoti0.jpg"。

（5）定义"♯leftnav"的CSS样式。与步骤（3）相同,在"选择器名称"文本框中输入♯leftnav,在"♯leftnav的CSS规则定义"对话框中,打开"方框"选项卡,设置宽度为200像素,浮动：左对齐,边界和填充均为0。

（6）定义"♯content"的CSS样式。与步骤（3）相同,在"选择器名称"文本框中输入♯content,在"♯content的CSS规则定义"对话框中,打开"背景"选项卡,设置背景为深红色(♯390000)；打开"方框"选项卡,不设置填充,左边界为200像素,其余均为0。

（7）定义"♯footer"的CSS样式。与步骤（3）相同,在"选择器名称"文本框中输入♯footer,在"♯footer的CSS规则定义"对话框中,打开"类型"选项卡,设置字体大小为12像素,行高为20像素,颜色为白色；打开"区块"选项卡,设置文本居中对齐；打开"背景"选项卡,设置背景颜色为黄褐色(♯960)；打开"方框"选项卡,为消除前面设置浮动左对齐的影响,将"清除"设置为"两者"。

4. 在网页中添加Div标签

（1）单击"插入"栏→"常用"按钮组→"插入Div标签"按钮，弹出"插入Div标签"对话框,如图2.136所示。在"插入"下拉列表中选择"在插入点",在ID下拉列表中选择container,单击"确定"按钮。

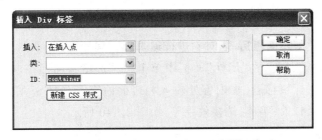

图2.136 "插入Div标签"对话框

（2）将光标置于container容器内,操作同步骤（1）,单击"插入Div标签"按钮,弹出"插入Div标签"对话框,在ID下拉列表中选择header,单击"确定"按钮。

（3）操作同步骤（1）,依次插入leftnav、content、footer的Div标签,结果如图2.137所示。

图2.137 插入指定ID的Div标签

注意：最外层的 Div 的 ID 为 container，其他的 Div 标签均包含在 containter 中，除了 container 外，其他都是并列关系，顺序为 header、leftnav、content、footer。插入 Div 标签的操作方法是首先插入 containter，然后可切换到"代码"视图，将光标置于<div id="container">…</div>之间，然后再单击"插入 Div 标签"按钮。用此方法分别插入其他的 Div 标签。

5. 在 Div 中插入网页内容

(1) 单击 header 区域，插入 Flash 动画 flash/9. swf，Flash 文件是矢量图形，可改变其尺寸不影响动画的浏览效果，因此，设置 swf 文件尺寸为 950×260（像素），设置背景为透明。

(2) 单击 leftnav 区域，插入图像 images/xong. gif，输入分店的联系电话。

(3) 单击 content 区域，单击"插入"栏→Spry 按钮组→"Spry 选项卡式面板"按钮，如图 2.138 所示，即插入 Spry 选项卡式面板。

图 2.138   Spry 选项卡式面板

插入 Spry 选项卡式面板后，需对它进行编辑，其"属性"面板如图 2.139 所示。单击"Spry 选项卡式面板"外框，在"属性"面板中单击"＋"按钮添加标签，单击文档窗口中的标签名称处，可输入标签标题，在内容处输入相应的内容。在"CSS 样式"选项卡中修改标签和内容的边框、背景、字体、链接效果等，如图 2.140 所示。

图 2.139   编辑"Spry 选项卡式面板"

图 2.140   编辑"Spry 选项卡式面板"CSS 样式

(4) 单击 footer 区域，输入版权所有信息和联系方式信息。

保存网页，按下快捷键 F12，浏览并检查网页。

练 习 题

1. 选择题

(1) CSS 样式选择器的类型有(　　)。

    A. 标签、类、文本、图像　　　　　　　　B. 类、标签、图像、链接

    C. 类、标签、ID、复合内容　　　　　　　D. Flash、类、ID、视频

(2) 在"页面属性"设置中,不能设置的样式为(　　)。

    A. 背景颜色　　　　　B. 背景图像　　　C. 字体大小　　　　　D. 图像边框

(3) 对特定 ID 的属性设置 CSS 样式时,为选择器命名时,在名称前应加(　　)。

    A. .(英文状态的句点)　B. @　　　　　　　C. ♯　　　　　　　　D. ?

2. 简答题

(1) 什么是 CSS 样式表? 选择器分为哪几类?

(2) 定义 CSS 样式有什么好处?

(3) 如何调用外部 CSS 样式表文件?

上 机 实 训

1. 实训要求

(1) 利用 CSS 样式表制作精美的网页,如图 2.141 所示。

图 2.141　网页效果图

要求：根据给定的素材，首先设置页面属性，其次定义特定 ID 的 Div 标签的 CSS 样式，然后插入 Div 标签，在 Div 中插入网页元素，最后通过定义类，设置图像 CSS 样式。

（2）在网页中添加 CSS 扩展效果：滤镜。

要求：制作投影字体、发光字体、图像的透明效果、图像的波浪效果等，如图 2.142 所示。

2．背景知识

根据所学的 CSS＋Div 网页布局技术，再综合前面所学的创建站点及编辑网页的知识，制作精美的网页及应用 CSS 扩展功能。

3．实训准备工作

将实训素材、网页元素及网页样图，发送到学生的主机中，以供学生参考使用。

图 2.142　滤镜效果

4．课时安排

上机实训课时安排为 2 课时。

5．实训指导

（1）利用 CSS 样式表制作精美的网页。

① 新建一个本地站点，在站点内新建两个子文件夹，images 和 css，将图像素材保存到 images 文件夹。新建一个网页，将其保存为 index. htm。

② 页面属性的设置：单击"属性"面板中的"页面属性"按钮，在"页面属性"对话框中，设置背景图像为 images/bg. jpg，页边距均为 0，设置字体大小为 14 像素，字体颜色为灰色（＃666）。

③ 在"CSS 样式"面板中，单击"新建 CSS 规则"按钮，弹出"新建 CSS 规则"对话框，选择器类型为"ID（仅应用于一个 HTML 元素）"，在"选择器名称"文本框中输入"＃image01"（这个区域用于放置图像），"规则定义"为"新建样式文件"，保存样式文件在 css 文件夹中，并将其命名为 main. css；弹出"＃images01 的 CSS 规则定义"对话框，打开"方框"选项卡，设置宽度为 200 像素，浮动为左对齐，填充均为 3 像素，上边界为 500 像素，左、右和下边界均为 30 像素，打开"区块"选项卡，设置文本对齐方式为居中。

④ 新建一个"＃content"选择器样式，"规则定义"为 main. css 文件。弹出"＃content 的 CSS 规则定义"对话框，打开"类型"选项卡，设置行高为 20 像素；打开"区块"选项卡，设置文本缩进为 20 像素；打开"方框"选项卡，设置宽度为 600 像素，填充均为 30 像素，上边界为 200 像素，左边界为 320 像素，右边界和下边界均为 30 像素。

⑤ 重定义标签 H1：单击"类型"选项卡，字体大小 24 像素，行高 35 像素，粗细为特粗，颜色为深绿色（＃009900）。

⑥ 重定义标签 img：打开"方框"选项卡，设置填充均为 3 像素，打开"边框"选项卡，设置边框样式为实线，宽度 1 像素，颜色为灰色（＃666666）。

⑦ 插入两个 Div 标签，ID 分别为 image01 和 content，然后在 image01 中插入两幅图像，在 content 中输入文本，完成实验要求的网页制作。

（2）在网页中添加 CSS 扩展效果：滤镜。

① 新建一个类 Dropshadow，单击"扩展"选项卡，在"滤镜"下拉列表中选择 DropShadow，参数设置 DropShadow(Color＝＃000000,offx＝2,offy＝2,Positive＝45)，如设置为不同的参数，其效果不同。

② 插入一个表格，在单元格中输入文字，选中单元格，在"属性"面板中选择类 DropShadow。

③ 新建一个类 Glow，参数设置为 Glow(Color＝＃ffff00,Strength＝5)，然后在单元格中输入文本，选中单元格，套用类的样式。

④ 新建一个类 Wave，参数设置为 Wave(Add＝0,Freq＝5,LightStrength＝5,strength＝5)，插入图像，选中图像套用类样式。

⑤ 新建一个类 Chroma，参数设置为 Chroma(Color＝＃ff0000)，插入图像，选中图像套用类样式。

评价内容与标准

评价项目	评价内容	评价标准
定义和编辑 CSS 样式	(1) CSS 样式定义准确 (2) 掌握 CSS 样式的应用	(1) CSS 样式定义准确合理 (2) 利用 CSS 样式布局网页 (3) 利用 CSS 样式美化网页 (4) CSS 滤镜的正确应用
采用 Div＋CSS 进行页面布局	(1) 页面模块的正确拆分 (2) 正确定义 Div 标签的 CSS 样式 (3) 网页中正确插入 Div 标签 (4) 在 Div 中添加网页元素	
CSS 滤镜的应用	(1) 定义滤镜样式 (2) 正确应用滤镜样式	

评 分 等 级

优	能高效、高质量完成各项能力的实训，并能独立解决遇到的特殊问题
良	能圆满完成各项能力的实训，偶有个别问题需要老师指导
中	能完成各项能力的实训，但有些问题需要同学和老师的指导
差	不能很好地完成各项能力的实训

成绩评定及学生总结

教师评语及改进意见	学生对实训的总结与意见

任务 2.5　使用表单

一个表单的应用实例如图 2.143 所示。图中圈起部分即为应用表单创建的内容。

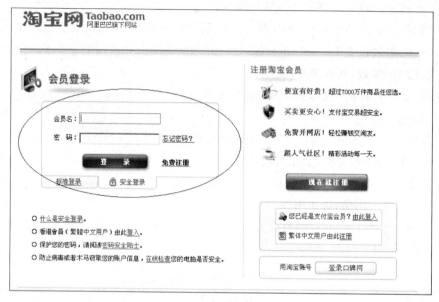

图 2.143　表单应用：淘宝网的会员登录

2.5.1　实例导入：利用表单创建用户信息注册表

表单是使网站实现交互功能的重要途径，通过表单可以收集站点访问者的信息。表单可以用做调查工具和收集客户注册或登录信息，也可用于制作复杂的电子商务系统。

一般表单的工作流程如图 2.144 所示。

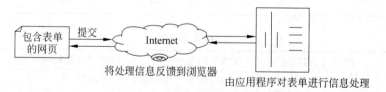

图 2.144　表单提交后的处理流程

（1）访问者在浏览有表单的网页时，填写必需的信息，然后按下按钮提交。

（2）这些信息通过 Internet 传送到服务器上。

（3）服务器上的表单处理应用程序（CGI），或脚本程序（ASP、PHP）对数据进行处理。

（4）数据处理完毕后，服务器反馈处理信息。

从表单的工作流程来看，表单的开发内容分为两部分，一是具体在网页上制作的表单项目,这一部分称为前端,主要在 Dreamweaver 中制作;另一部分是编写处理表单信息的应用程序,如 ASP、CGI、PHP、JSP 等,这一部分称为后端。这里主要讲解前端的设计,后端的开发将在网络程序开发课程中具体介绍。

【例 2.14】 利用表单创建如图 2.145 所示的用户信息注册表。本案例的最终创建步骤将于 2.5.4 小节完成。

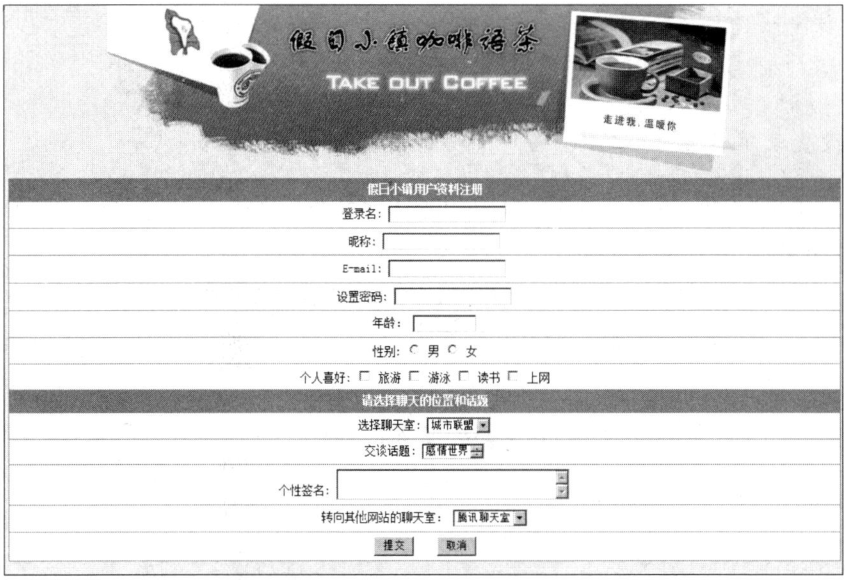

图 2.145　会员信息注册表单

在本实例主要涉及以下知识点:

- 布局网页;
- 创建表单;
- 在表单中插入表单对象;
- 将表单信息提交到网络管理者的邮箱。

2.5.2　创建表单

表单相当于一个容器,它容纳的是承载数据的表单对象,例如文本框、复选框等。因此一个完整的表单包括两部分:表单及表单对象,二者缺一不可。

1. 插入表单

插入表单常用的方法有以下两种。

方法一　单击"插入"栏→"表单"按钮组→"表单"按钮 ,如图 2.146 所示。

方法二　选择"插入"菜单→"表单"→"表单"命令。

在网页中插入一个新的表单后,即在网页中出现一个红色的虚线框,如图 2.146 所示。

表单的作用是当访问者单击表单的"提交"按钮时,浏览器将表单对象所包含的数据发送到服务器,因此表单对象必须置于表单中。

插入了一个
新表单

图 2.146　表单及表单对象

2. 设置表单属性

单击"表单"外框,或单击文档窗口左下角的<form>标签,选择表单。在"属性"面板中设置表单属性,如图 2.147 所示。

图 2.147　设置表单属性

表单各项属性的功能如下。

- 表单 ID:表单在网页中的标识。
- 动作:指定处理表单信息的服务器端的应用程序,单击"浏览文件"按钮,查找需要的应用程序,或者直接输入应用程序路径。此外,也可以指定电子邮件的方式处理表单,例如在"动作"文本框中输入 mailto:电子邮件地址,则使用电子邮件的方式处理表单数据。
- 方法:设置表单的提交方式。提交方式有三种:默认、POST、GET,默认值为POST。

  提交方式采用 GET 时是将数据附在 URL 后发送,即所传送的数据会在浏览器的地址栏中显示出来,而且对数据长度有限制。采用 POST 提交方式时所携带的数据量大,它是将表单中的数据作为一个文件提交的,不会将内容附在 URL 后,比较适合内容较多的表单。
- 编码类型:指定对提交服务器进行处理的数据使用 MIME 编码类型,默认设置为application/x-www-form-urlencode,通常与 POST 方法协同使用。

2.5.3　插入表单对象

创建表单后再插入表单对象,所有的表单对象将被放置在这个表单区域中,即如图 2.146 所示红色的虚线框中。

1. 表单网页的布局

包含表单的网页这里仍采用表格排版方式实现。操作步骤如下。

（1）新建一个网页，添加页面背景，插入一个表单，出现一个红色虚线框。

（2）在表单中，插入表格，采用表格排版。在表格中，插入图像或动画、文本加以修饰，并应用 CSS 样式美化网页，如图 2.148 所示。

图 2.148　在表单中插入表格

（3）最后在表格中插入表单对象。

2. 插入和编辑表单对象

常用的表单对象主要有以下几种。

（1）文本字段和文本区域

① 文本字段。

文本字段是用来输入文本信息的。

单击"插入"栏→"表单"按钮组→"文本字段"按钮 ▣，或选择"插入"菜单→"表单"→"文本域"命令，弹出"输入标签辅助功能属性"对话框，如图 2.149 所示，输入 ID（表单对象名称）和标签，如 ID：username，标签：用户名，单击"确定"按钮，即插入了一个文本字段对象，如图 2.150 所示。单击文本字段对象，在"属性"面板中设置文本字段的属性，如图 2.151 所示。

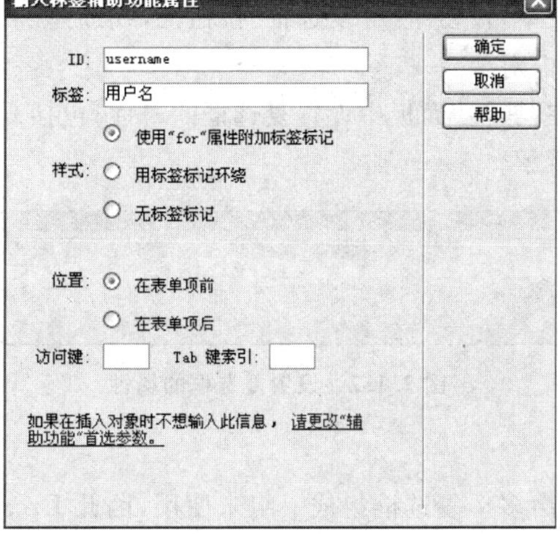

图 2.149　"输入标签辅助功能属性"对话框

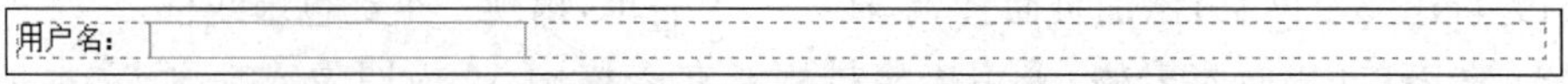

用户名：

图 2.150　插入文本字段

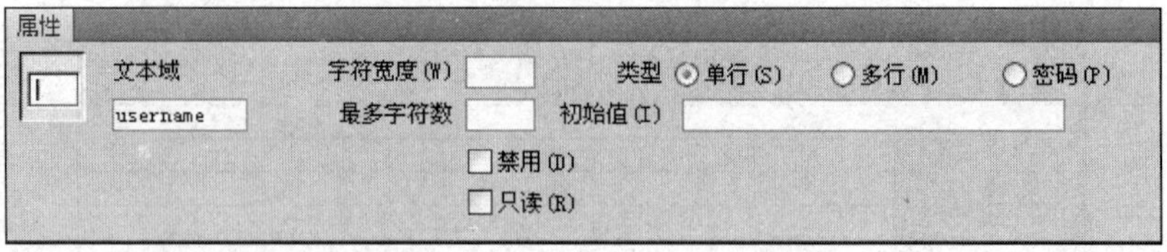

图 2.151　设置文本字段的属性

文本字段各项属性的功能如下。

- 文本域：定义文本域的名称，用来标识文本字段的唯一性。
- 字符宽度：输入一个具体的数值用于显示最大的字符数。默认文本字段宽度为 20 个字符。
- 最多字符数：设置文本字段中可以输入的最多字符数。
- 类型：有三种类型，单行、多行、密码。类型为密码时，在浏览状态输入文本，文本的显示方式为：• • •。
- 初始值：指定当表单首次载入时显示在文本字段中的值。

② 文本区域。

文本区域也是用来输入文本信息的，当文本字段的类型选择为多行时，即是文本区域。其属性与文本字段相同。

单击"插入"栏→"表单"按钮组→"文本区域"按钮📋，或选择"插入"菜单→"表单"→"文本区域"命令，即插入文本区域对象。

（2）复选框及复选框组

① 复选框。

复选框是指从一组选项中允许选择多个选项。操作步骤如下。

单击"插入"栏→"表单"按钮组→"复选框"按钮☑，或选择"插入"菜单→"表单"→"复选框"命令，即插入复选框对象。

单击复选框对象，在"属性"面板中设置复选框的属性；包括复选框的名称、选定值、初始状态等，如图 2.152 所示。

图 2.152　设置复选框的属性

② 复选框组。

由于复选框通常是由多个复选框组成一组来使用，因此 Dreamweaver CS5 提供了复选框组的功能。

单击"插入"栏→"表单"按钮组→"复选框组"按钮▤，或选择"插入"菜单→"表单"→"复选框组"命令，弹出"复选框组"对话框，如图 2.153 所示。

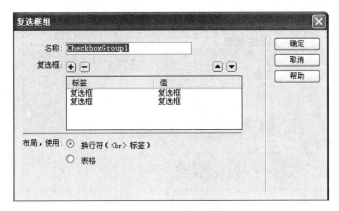

图 2.153 "复选框组"对话框

"复选框组"对话框中相关的参数的功能如下。

- 名称：定义复选框组的名称，用来标识整个组的复选框。
- 添加▣和删除▢按钮：分别用来增加和删除复选框。
- 向上▲和向下▼的按钮：改变复选框顺序。
- 标签：定义复选框显示的文本标签。
- 值：定义"复选框"的选定值。
- 布局，使用：选择"换行符
标签"则使用换行符来分开同一组中的复选框；选择"表格"则会自动生成一个表格用来定位复选框。

"复选框组"对话框设置好后，单击"确定"按钮即插入了复选框组。

（3）单选按钮及单选按钮组

① 单选按钮。

"单选按钮"是指从一组选项中只能选择一个选项。其操作步骤如下。

a. 单击"插入"栏→"表单"按钮组→"单选"按钮◉，或选择"插入"菜单→"表单"→"单选按钮"命令，即插入单选按钮对象。

b. 单击单选按钮对象，在"属性"面板中设置单选按钮的属性，包括单选按钮的名称、选定值、初始状态等，如图 2.154 所示。

图 2.154 设置单选按钮的属性

② 单选按钮组。

由于单选按钮通常是由多个单选按钮组成一组来使用，因此 Dreamweaver CS5 提供了单选按钮组的功能。

单击"插入"栏→"表单"按钮组→"单选按钮组"按钮▦，或选择"插入"菜单→"表单"→"单选按钮组"命令，弹出"单选按钮组"对话框，如图 2.155 所示。

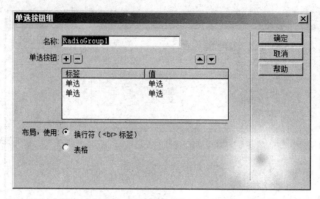

图 2.155　"单选按钮组"对话框

　　该对话框中相关的参数的功能与复选框组相似，这里不再一一叙述。

　　（4）列表/菜单

　　"列表"和"菜单"可以在有限的空间内为用户提供更多的选项。"列表"在滚动条中显示选项值，并可允许用户在列表中选择多个选项。"菜单"在下拉式菜单中显示选项值，只允许用户选择一个选项。操作步骤如下。

　　单击"插入"栏→"表单"按钮组→"选择（列表/菜单）"按钮▤，或选择"插入"菜单→"表单"→"选择（列表/菜单）"命令，即插入"列表/菜单"对象。

　　单击列表/菜单，在"属性"面板中设置列表/菜单的属性，如图 2.156 所示。

图 2.156　设置"列表/菜单"的属性

列表/菜单各项属性的功能如下。

- 选择：定义"列表/菜单"的名称。
- 类型：指定此表单对象是下拉菜单还是滚动列表。
- 高度：若选择为列表，用户可以设置列表在不滚动情况下显示出来的选项行。若选择为菜单，此项不可设置。
- 选定范围：若选择为列表，可选定"允许多选"复选框，则用户可从列表中选择多个选项；若选择为菜单，此项不可设置。
- 初始化时选定：设置首次载入表单时，"列表/菜单"定位在哪一个选项。
- 列表值：单击该按钮，打开"列表值"对话框，如图 2.157 所示。将光标置

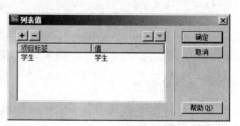

图 2.157　"列表值"对话框

于"项目标签"下方,输入列表文本;将光标右移,输入列表值。单击加号按钮▣添加列表项目,单击减号按钮▣删除列表项目,选中列表项目,单击向上▲或向下▼按钮改变列表项目的顺序。最后,单击"确定"按钮。

(5)跳转菜单

跳转菜单对象与列表/菜单对象有所不同,菜单的每一个列表项目都链接到一个URL地址。一般常用于友情链接。操作步骤如下。

单击"插入"栏→"表单"按钮组→"跳转菜单"按钮☑,或选择"插入"菜单→"表单"→"跳转菜单"命令,弹出"插入跳转菜单"对话框,如图 2.158 所示。

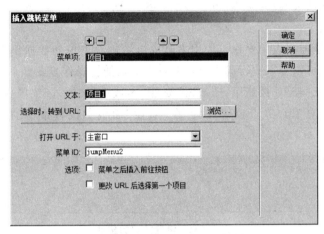

图 2.158 "插入跳转菜单"对话框

对话框中相关参数的功能如下。

① 首先在文本框输入文本,在"选择时,转到 URL"文本框中输入 URL 链接地址。

② 单击添加按钮▣添加菜单项,单击减号按钮▣删除菜单项,单击向上▲或向下▼按钮改变菜单项的顺序。

③ 如果选中"菜单之后插入前往按钮"复选框,则在浏览网页时,选择下拉菜单中的某一个选项,不直接跳转,单击"前往"按钮后才跳转。最后,单击"确定"按钮。

(6)文件域

文件域的作用是用户在表单中选择文件,然后将选中的文件发送到服务器。例如:用户在撰写电子邮件时,采用文件域的方式,将文件作为附件传送,如图 2.159 所示。操作步骤如下。

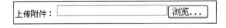

图 2.159 在表单中上传附加文件作为附件

单击"插入"栏→"表单"按钮组→"文件域"按钮▣,或选择"插入"菜单→"表单"→"文件域"命令,即插入文件域对象。单击文件域,在"属性"面板中设置文件域的属性,包括文件域的名称、字符宽度、最多字符数等,如图 2.160 所示。

图 2.160　设置文件域的属性

（7）隐藏域

隐藏域通常用来在表单之间传递数据，一般只用于脚本编程。操作步骤如下。

单击"插入"栏→"表单"按钮组→"隐藏域"按钮 ，或选择"插入"菜单→"表单"→"隐藏域"命令，即插入"隐藏域"对象。

（8）按钮

按钮的作用是控制表单操作。使用表单按钮将输入表单的数据提交到应用程序，或者重置该表单，也可以用来执行脚本指定的自定义功能。操作步骤如下。

单击插入栏→"表单"按钮组→"按钮"按钮 ，或选择"插入"菜单→"表单"→"按钮"命令，即插入按钮对象。单击按钮对象，在"属性"面板中设置按钮的属性，如图 2.161所示。

图 2.161　设置按钮的属性

按钮各项属性的功能如下。

① 按钮名称：定义按钮的名称。

② 值：显示在按钮上的文本。

③ 动作：确定按钮被单击后发生什么动作，有以下 3 种选项。

- 提交表单：将表单中的数据提交到应用程序。
- 重设表单：将表单对象恢复为初始状态。
- 无：默认状态此按钮不发生任何动作，用户可自定义要实现的功能。

（9）图像域

图像域实质上是以图像形式显示的提交按钮，它的功能等同于提交按钮。操作步骤如下。

单击"插入"栏→"表单"按钮组→"图像域"按钮 ，或选择"插入"菜单→"表单"→"图像域"命令，即插入"图像域"对象。单击图像域，在"属性"面板中设置图像域的属性，如图 2.162 所示。

图像域各项属性的功能如下。

- 图像区域：定义图像域的名称。
- 源文件：选择图像文件的路径和文件名。
- 替换：输入文本，当图像不能正常显示时，文本替代图像，当图像正常显示时，光标经过图像对图像进行文字注释。

图2.162 设置图像域的属性

💡**注意**：定义表单对象的名称时最好不要用中文和特殊字符，而应与变量名命名规则相同。

2.5.4 制作用户注册表

以下讲解例2.14所举创建用户信息注册表的制作过程：插入一个表单，再插入表单对象，而浏览者在浏览本网页时，填写表单信息，然后将信息提交到网络管理员的电子邮件地址中。网络管理员通过电子邮件来收集网站浏览者的信息。操作步骤如下。

（1）创建一个本地站点，在本地站点内创建一个文件夹images用于存储图像素材。

（2）创建一个新文档，文件名为form.htm，选择"修改"菜单→"页面属性"命令，弹出"页面属性"对话框，设置网页标题为"假日小镇咖啡语茶"，设置背景图像为images/bg.jpg。

（3）单击"插入"栏→"常用"按钮组→"图像"按钮，插入一幅图像images/01.jpg。

（4）单击"插入"栏→"表单"按钮组→"表单"按钮，插入一个表单，出现一个红色的虚线框，在"属性"面板中设置表单的属性，如图2.163所示。在"动作"文本框中输入"mailto：abc@163.com"；"方法"为"默认"；编码类型为text/plain（采用这种编码类型，浏览者以邮件方式提交的表单内容将以正文的形式发送到网络管理员的邮箱里，否则提交表单内容将以附件的方式发送）。

图2.163 实例中表单属性的设置

（5）将光标置于表单内部，插入表格进行页面的布局，细节不再叙述。输入文本"假日小镇用户资料注册"。

（6）插入文本字段。单击"插入"栏→"表单"按钮组→"文本字段"按钮，在弹出"输入标签辅助功能属性"对话框中输入ID为username，标签名为"登录名"，在"属性"面板中设置文本字段的属性，类型为"单行"。

（7）插入文本字段。设置标签名为"昵称"，ID为nicheng，类型仍为"单行"。插入文本字段，标签名为"年龄"，ID为age，类型为"单行"。插入文本字段，标签名为E-mail，ID为email，类型为"单行"。插入文本字段，标签名为"设置密码"，ID为password，类型为"密码"（浏览者访问本网页时，当输入文本时，不显示明文，而显示为•••）。

（8）插入单选按钮组。输入文本为"性别"，单击"插入"栏→"表单"按钮组→"单选按钮"按钮，在"单选按钮组"对话框中输入名称为sex，输入"单选按钮项目"的标签和对应的值,分别为"男"、"男"、"女"、"女"。

(9)插入复选框组。输入文本为"个人喜好",单击"插入"栏→"表单"按钮组→"复选框组"按钮,在"复选框组"对话框中输入名称为 xihao,输入复选框组的标签和对应的值。复选框的标签分别为"游泳"、"读书"、"上网",选定值对应为"游泳"、"读书"、"上网"。

(10)插入列表/菜单。输入文本"请选择聊天位置和话题",单击"插入"栏→"表单"按钮组→"选择(列表/菜单)"按钮,输入 ID 为 liaotian,标签为"选择聊天室",选中列表/菜单对象,在"属性"面板中设置其属性,类型选择"菜单",单击"列表值"按钮,弹出"列表值"对话框,分别输入项目标签和值,如图 2.164 所示。

(11)插入列表/菜单。输入文本"交谈话题",单击"插入"栏→"表单"按钮组→"选择(列表/菜单)"按钮,输入 ID 为 huati,标签为"交谈话题",选中列表/菜单对象,在"属性"面板中设置其属性,"类型"选择为"列表",单击"列表值"按钮,弹出"列表值"对话框,分别输入项目标签和值,如图 2.165 所示。

图 2.164　实例中菜单列表值的设置

图 2.165　实例中下拉列表列表值的设置

(12)插入文本区域。单击"插入"栏→"表单"按钮组→"文本区域"按钮,输入 ID 为 qianming,标签为"个性签名",单击文本区域对象,在"属性"面板中设置其属性,类型选择"多行"。

(13)插入跳转菜单。输入文本"转向其他网站的聊天室",单击插入栏→"表单"按钮组→"跳转菜单"按钮,弹出"插入跳转菜单"对话框,设置相关的参数,如图 2.166 所示。

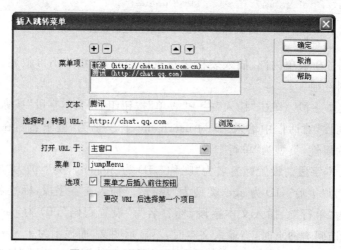

图 2.166　实例中跳转菜单对话框的设置

（14）插入按钮。单击"插入"栏→"表单"按钮组→"按钮"按钮，插入"按钮"对象，单击按钮对象，在"属性"面板中设置值为"提交"，动作为"提交表单"，再插入一个按钮，设置值为"取消"，动作为"重设表单"。

至此，包含表单的网页制作完成，保存网页，按下快捷键F12，浏览并检查网页。在浏览器填写表单信息，单击"提交"按钮时，表单将以电子邮件的方式发送到 abc@163.com 这个邮箱里。

2.5.5　验证表单

利用 Dreamweaver CS5 中"检查表单"的内置行为，检查浏览者填写表单对象的内容是否符合事先设定的要求。一般使用 OnSubmit 事件将检查表单的行为附加到表单上，当用户单击"提交"按钮时，同时对多个表单对象进行检查。

分析 2.5.4 小节制作用户注册表的实例，为了防止浏览者不填某些信息或乱填信息，这里设置"登录名"、"E-mail"必须填写，"年龄"必须是数字且数字范围为 1～99，E-mail 必须是 E-mail 的格式，针对这些要求，其操作步骤如下。

（1）选择"窗口"菜单→"行为"命令，打开"行为"选项卡。

（2）单击文档窗口左下角的＜form＞标签，打开"行为"选项卡，单击"添加行为"按钮，在弹出的快捷菜单中选择"检查表单"命令，弹出"检查表单"对话框，如图 2.167 所示。

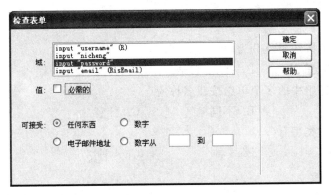

图 2.167　"检查表单"对话框

在"检查表单"对话框中，在"域"列表中有以下内容。

- input"username"："值"选择"必需的"复选框，"可接受"选择"任何东西"单选按钮。
- input"nicheng"："可接受"选择"任何东西"单选按钮。
- input"email"："值"选择"必需的"复选框，"可接受"选择"电子邮件地址"。
- input"age"："可接受"选择"数字从"1 到 99。

（3）在"标签检查器"面板的"行为"选项卡中，选择事件为 OnSubmit。

保存网页，按下快捷键 F12 浏览并检查网页，在表单中随意输入内容，单击"提交"按钮就可能会出现如图 2.168 所示的报错提交。

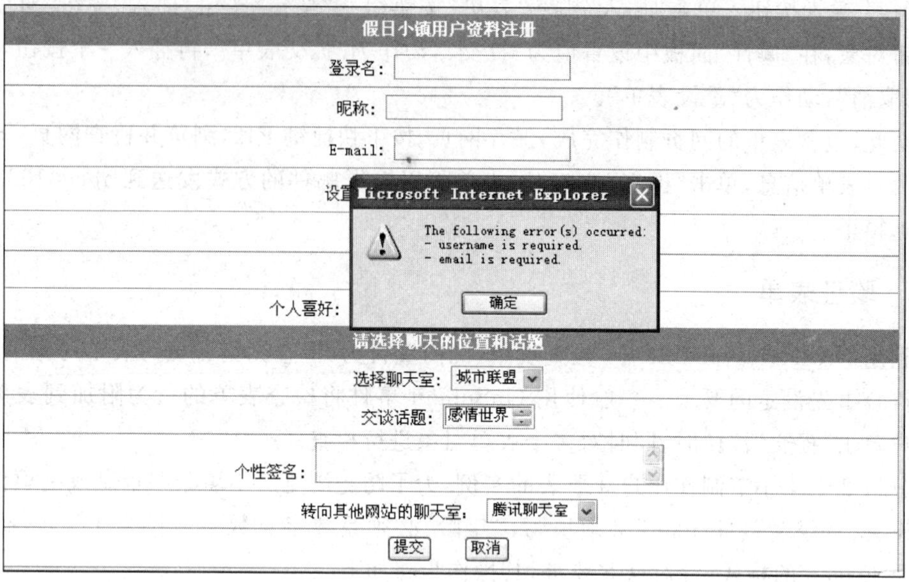

图 2.168　验证表单

练　习　题

1．选择题

（1）表单中的按钮对象分为（　　　）。

    A．提交、重置   B．提交、普通   C．提交、重置、无   D．提交、图像、无

（2）单选按钮组中的多个单选按钮名称应（　　　）。

    A．相同   B．不同   C．任意   D．以上都可以

（3）文本域的类型有（　　　）。

    A．2 种   B．3 种   C．4 种   D．5 种

2．简答题

（1）什么是表单？简述表单的基本工作原理。

（2）表单对象包括哪些？

（3）如何验证表单？

上 机 实 训

1．实训要求

（1）创建一个空白表单。插入表格，利用表格排版网页，并插入图片及应用 CSS 样式美化网页。

（2）插入表单对象，并通过"属性"面板设置其属性。

（3）最后利用 Dreamweaver 内部行为检查表单。

信息反馈表单效果图如图 2.169 所示。

图 2.169　反馈表单效果图

2. 背景知识

根据任务 2.5 所学的插入表单、表单对象以及 Dreamweaver 内部行为的检查表单等知识,再结合前面所学的网页编辑、页面排版的知识,制作用户信息反馈表单。

3. 实训准备工作

实训素材及网页样图,发送到学生的主机中,以供学生参考使用。

4. 课时安排

上机实训课时安排 2 课时。

5. 实训指导

(1) 首先创建一个本地站点,在本地站点中新建一个文件夹 images,将图像素材保存在此文件夹。创建一个网页,并保存网页为 biaodan. htm,插入一幅图像,文件名为 images/bt. jpg。

(2) 单击"插入"栏→"表单"按钮组→"表单"按钮,插入一个表单,在文档窗口中出现一个红色的虚线框,在"属性"面板中,"动作"文本框中输入"mailto:电子邮件地址"。

(3) 将光标置于虚线框内,插入一个表格,采用表格进行排版。

(4) 插入一个文本字段对象,输入标签名为"您的姓名",选中文本字段对象,在"属性"面板中设置文本字段的属性,"文本域"为"username","类型"为"单行"。

(5) 同理,继续插入单选按钮组、复选框组、滚动列表、下拉菜单、文本域等,并设置其属性,然后插入"提交"按钮和"重置"按钮。

(6) 选中文档窗口左下角的<form>标签,选择"窗口"菜单→"行为"命令,打开"行为"选项卡,添加"检查表单"行为,仿照前面所讲述的方法,设置 Username 和 email 为"必需"的,email 按照 E-mail 格式填写。

（7）保存网页，按下快捷键 F12，浏览并检查网页。

评价内容与标准

评价项目	评价内容	评价标准
网页布局	插入表格，进行网页排版	（1）表单插入正确
制作表单	（1）插入表单正确 （2）插入表单对象正确 （3）表单对象的属性设置正确	（2）表单对象应用正确、合理 （3）利用 CSS 样式达到美化网页 （4）表格布局正确
插入图片和利用 CSS 样式美化网页	（1）网页元素插入正确 （2）CSS 样式应用正确	

评 分 等 级

优	能高效、高质量完成各项能力的实训，并能独立解决遇到的特殊问题
良	能圆满完成各项能力的实训，偶有个别问题需要老师指导
中	能完成各项能力的实训，但有些问题需要同学和老师的指导
差	不能很好地完成各项能力的实训

成绩评定及学生总结

教师评语及改进意见	学生对实训的总结与意见

任务 2.6 应用模板与库

本节将讲解如何利用模板和库设计风格一致的网站。使用模板和库的组合可使得建设网站和维护网站变得很轻松，尤其在对一个规模较大的网站进行建设与维护时，就会体会到模板和库的好处。

2.6.1 实例导入：利用模板生成的站点

一个成功的网站首先要具备自己独特的风格，才能够在如汪洋大海的网络中脱颖而出，给人留下深刻的印象。但仅凭网站中的一两个较好的页面，很难收到良好的效果。因此就需要整个站点内的页面体现出统一的风格。通过使用模板能够生成多个具有相似结构和外观的网页，从而提高网页制作效率。

【例 2.15】 利用模板和库技术生成网站实例，如图 2.170 所示。

本网站实例主要涉及以下知识点。

• 网页版面布局的设计；

图 2.170 利用模板生成的网站效果图

- 划分模板锁定区域和可编辑区域;
- 创建模板和编辑模板,最后根据模板快速创建网页。

2.6.2 创建和编辑模板

模板最显著的特征就是存在锁定区域和可编辑区域之分。锁定区域主要用来锁定体现网站风格的部分,而将经常要改变的文字、图像、链接等网页元素设置成可编辑区域,网页中只编辑可编辑区域的内容,从而得到与模板相似,但又有所不同的新的网页。

1. 创建模板

创建模板有两种常用的方法:一是创建新模板;二是将当前网页另存为模板。

(1)创建新模板

方法一 选择"文件"菜单→"新建"命令,弹出"新建文档"对话框,选择"空白页"选项卡→"HTML模板"选项→"布局"列表中的某项,单击"创建"按钮,创建一个新模板,如图 2.171 所示。

方法二 选择"窗口"菜单→"资源"命令,打开"资源"面板,单击"资源"面板左边的"模板"按钮,再单击右下角的"新建模板"按钮,如图 2.172 所示。

(2)将当前网页另存为模板

将一个编辑好的网页按照要求加以修改,然后另存为模板。操作步骤如下。

① 保留与其他网页相同的结构和相同的网页内容,删除不需要与其他网页共享的内容,插入"可编辑区域"。

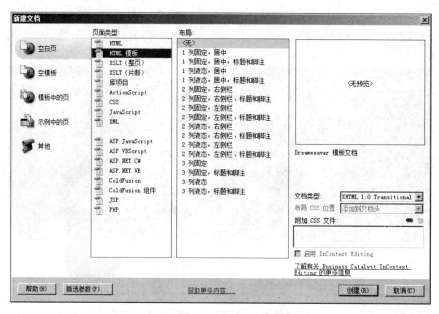

图 2.171　"新建文档"对话框

　　② 选择"文件"菜单→"另存为模板"命令，或者单击"插入"栏→"常用"按钮组→"模板"按钮组→"创建模板"按钮，如图 2.173 所示。弹出"另存为模板"对话框，在此输入模板名称，单击"保存"按钮，如图 2.174 所示。

图 2.172　利用"资源"面板创建模板

图 2.173　利用"插入"栏创建模板

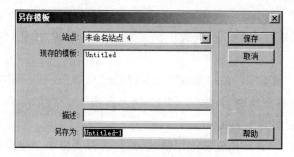

图 2.174　"另存模板"对话框

2. 编辑模板

首先划分可编辑区域和锁定区域,然后编辑模板,通常,像编辑网页一样先将锁定区域编辑好,然后再定义可编辑区域,如图 2.175 所示。

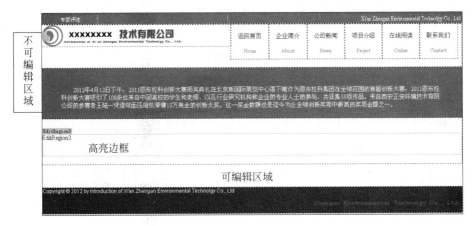

图 2.175　编辑模板

在模板中可编辑区域对应网页中的可编辑部分,锁定区域是那些不可编辑部分。在默认的方式下,Dreamweaver 将新模板的所有部分设置为不可编辑区域,由用户来定义可编辑区域。在编辑模板时,无论是可编辑区域还是锁定区域都是可以编辑的。但是将模板应用到网页中后,在网页中的锁定区域是不可以编辑的。

常用定义可编辑区域的方法有两种。

方法一　在模板中将光标定位在要新建可编辑区域位置,选择"插入"菜单→"模板对象"→"可编辑区域"命令。

方法二　单击"插入"栏→"常用"按钮组→"模板"按钮组→"可编辑区域"按钮。

弹出"新建可编辑区域"对话框,如图 2.176所示,在此输入可编辑区域的名称,单击"确定"按钮,即新建了可编辑区域。

Dreamweaver 会将可编辑区域用高亮边框的矩形包围起来,同时在矩形的左上角显示这个

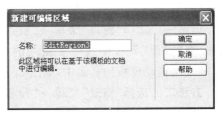

图 2.176　"新建可编辑区域"对话框

可编辑区域的名称,如图 2.175 所示。创建模板后,本地站点会自动创建一个文件夹templates,模板的默认路径就是此文件夹,模板的扩展名为 dwt。

2.6.3　应用和更新模板

在网站建设中,可以为网站设计几套不同的模板,为网站的风格提供不同的方案,这样也可以不定期地改变网站的风格,提高网站的吸引力。

1. 模板的应用

利用模板快速生成新的网页，也可以将模板应用于已经存在的网页。

（1）模板的应用

选择"文件"菜单→"新建"命令，弹出"新建文档"对话框，选择"模板中的页"选项卡，选择"站点"列表框中站点名称，再单击其右侧的"站点'WWW'的模板"文件，选中"当模板改变时更新页面"复选框，然后单击"创建"按钮，如图 2.177 所示。

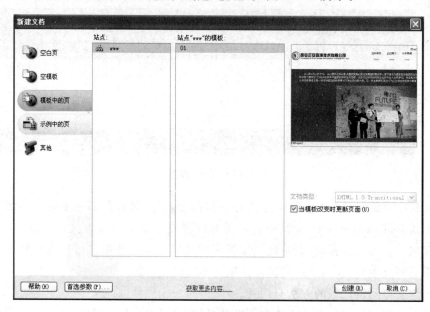

图 2.177　"新建文档"对话框

（2）将模板应用于当前网页

方法一　选择"窗口"菜单→"资源"命令，打开"资源"面板，在"资源"面板中选中要插入的模板，单击"应用"按钮，或直接拖动模板到页面中，如图 2.178 所示。

方法二　选择"修改"菜单→"模板"选项→"套用模板到页"命令。

如果模板与当前文档出现不匹配的情况，弹出"不一致的区域名称"对话框，如图 2.179 所示，选中可编辑区域名称，在"将内容移到新区域"下拉列表中，设置移动或丢弃不匹配区域。

（3）当前网页不再使用模板

当不再需要对一个网页使用模板时，选择"修改"菜单→"模板"选项→"从模板中分离"命令，将网页和与之关联的模板文件脱离。脱离之后的网页将变成普通网页，不再有可编辑区域和锁定区域之分。

**图 2.178　在"资源"面板中
选择应用模板**

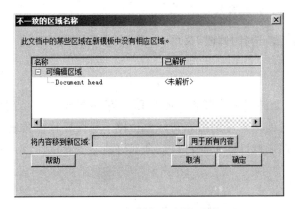

图 2.179　解析不匹配区域

2. 更新模板

（1）修改模板

创建模板后，用户利用模板生成了网页文件。在网页文件的编辑过程中可能会有一些不合适的地方，比如链接有错误、网页布局中单元格对齐方式不合理、图像不能正常显示等，而在网页编辑状态是无法对锁定区域进行修改的，因此需要对模板进行修改。

打开模板文件，针对在网页编辑中发现的问题对模板文件进行修改。

① 修改模板：对锁定区域进行修改。

② 删除可编辑区域：在模板编辑状态，选中已定义的可编辑区域，选择"修改"菜单→"模板"选项→"删除模板标记"命令，该可编辑区域就不存在了。

（2）用模板更新整个网站中所有与之相关联的网页

一旦模板被应用到多个网页文档中，对此模板的修改则会更新到全部与其相关联的文档中。这种使用模板更新文件的方法大大节省了用户的时间，尤其在涉及大量的改动时极为有效。

① 用模板更新整个网站和所有与之关联的网页。

当修改模板后，当用户保存模板时，Dreamweaver 会提示用户是否使用模板更新网站，或选择"修改"菜单→"模板"选项→"更新页面"命令。此时将弹出"更新模板文件"对话框，如图 2.180 所示，单击"更新"按钮，弹出"更新页面"对话框，如图 2.181 所示，选择"查看"下拉列表中"整个站点"选项，并在右侧的下拉列表中选择网站名称，"更新"选项组选择"模板"复选框，单击"开始"按钮，则对整个网站进行更新。

图 2.180　"更新模板文件"对话框

图 2.181　"更新页面"对话框

② 用模板更新一个单独的网页。

打开要更新的网页,选择"修改"菜单→"模板"选项→"更新当前页"命令即可。

2.6.4　使用库

Dreamweaver 中提供了库的概念。库是用来存储想要在整个网站上经常重复使用或更新的网页元素,其他网页可调用库文件。这样一旦需要修改重复使用的部分,只需要修改库文件,而其他调用此库的页面将会被全部更新。

1. 创建库

库项目可以包含多种网页元素,如图像、链接、表格、脚本等,但 CSS 文件不能作为库项目。

创建库的常用方法有三种。

方法一　选择"文件"菜单→"新建"命令,弹出"新建文档"对话框,选择"空白页"选项卡→"库项目"命令,单击"创建"按钮,如图 2.182 所示。

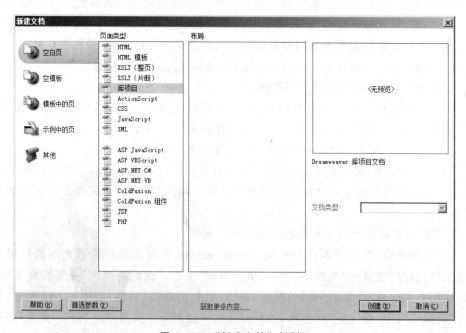

图 2.182　"新建文档"对话框

方法二　选择"窗口"菜单→"资源"命令,打开"资源"面板,选择"库"按钮,单击"资源"面板下方的"新建库项目"按钮,如图 2.183 所示。

方法三　将已经编辑好的网页元素转换为库文件,首先选中要转换为库项目的网页元素,然后选择"修改"菜单→"库"按钮→"增加对象到库"命令,当前选中的网页元素就会成为一个新的库项目以供其他网页调用。

创建库项目后,站点中就会多出子文件夹 library,库项目的默认存储路径就是该文件夹。库项目的扩展名为 lbi,如图 2.184 所示。在本实例中,将网页中经常更换的新闻图片设置为库项目。库项目的编辑方法与普通网页的编辑方法完全相同。

2. 应用库

库建立好后,可以很轻松地将库应用于网页文件中。操作步骤如下。

(1)打开模板或网页,把光标定位在需要插入库的位置。

(2)在"资源"面板中单击"库"按钮,选择相应的库项目,单击"插入"按钮,或者将库项目直接拖到网页需要插入库的位置。

图 2.183　在"资源"面板中新建库项目

图 2.184　编辑库文件

将库项目应用到模板或网页文件中后,在 Dreamweaver 的网页编辑状态,库项目的背景呈现高亮度显示。

3. 修改库

库被应用到模板或网页文档中,在模板或网页中是无法修改的。要修改库,必须首先打开库项目才能进行编辑。对库的修改则会自动更新所有与之关联的网页文档。

(1)编辑库

打开"资源"面板,单击"库"按钮,双击某个库项目,进入库项目的编辑状态,对库项目进行修改。

库项目修改完毕,保存库文件时,弹出"更新库项目"对话框,或选择"修改"菜单→"库"按钮→"更新"页面,弹出"更新页面"对话框,如图 2.185 所示,可进行如下两种设置。

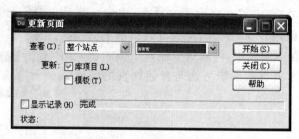

图 2.185　"更新页面"对话框

① 更新本地站点上所有调用过库项目的文档。

选择"查看"下拉列表中的"整个站点",并在右侧的下拉列表中选择网站名称,单击"开始"按钮,则对整个网站进行更新,如图 2.186 所示。

图 2.186　更新整个站点中调用库项目的网页

② 仅更新当前正在编辑的网页。

选择"查看"下拉列表中的"文件使用…",单击"完成"按钮,如图 2.187 所示,或选择"修改"菜单→"库"按钮→"更新当前页"命令,即完成仅更新当前网页操作。

图 2.187　更新当前页

（2）删除库

打开"资源"面板,单击"库"按钮,选择库项目,按 Del 键即可删除选中的库项目。删除库后,不会改变任何调用此库的其他模板或网页内容。

（3）使模板或网页中库项目可编辑

如果网页中添加了库项目,则库项目以高亮显示,无法编辑。如果要在该网页中编辑库项目包含的内容,则必须断开当前网页与库之间的关联。操作步骤如下。

在当前网页中选中库项目,在"属性"面板中单击"从源文件中分离"按钮,如图 2.188 所示。此时库项目不再以高亮显示,并且原始的库项目更改,它也不会再更新。

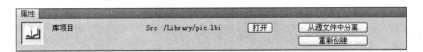

图 2.188   网页中调用的库项目与库分离

2.6.5   利用模板和库制作商务站点

下面讲解例 2.15 所举利用模板和库快速创建一个网站的实例。操作步骤如下。

（1）创建一个本地站点 www,在站点内新建一个文件夹 images,用于存储图像素材。

（2）选择"文件"菜单→"新建"命令,在"新建文档"对话框中,选择"空白页"选项卡→"HTML 模板"→"无"选项,单击"创建"按钮。

（3）编辑模板页面,编辑的方法与普通网页无异。采用 CSS＋Div 进行页面的布局,页面布局的宽度为 1000 像素。

（4）插入一个总的 Div,命名为♯all,宽度设置为 1000 像素;在其中插入多个 Div 标签,一是名为 ♯a1 的 Div,背景为蓝绿色,输入文本和公司英文名称;二是名为 ♯a2 的 Div,背景为白色,在其中插入"公司标志和名称"的图像,以及用做导航的文本等网页元素;三是插入名为♯a3 的 Div,背景为蓝绿色,输入一段文本;四是插入名为♯a4 的 Div,并设置背景图像,以上 a1、a2、a3、a4 宽度均为 1000 像素。

（5）将光标置于名为♯a4 的 Div 中,选择"插入"菜单→"模板对象"→"可编辑区域"命令,弹出"新建可编辑区域"对话框,输入可编辑区域的名称,单击"确定"按钮。最后命名并保存模板,模板名称为 01.dwt。

（6）利用模板快速生成网页。选择"文件"菜单→"新建"命令,在"新建文档"对话框中,选择"模板中的页"选项卡,选择站点名称和模板名称,选中"当模板改变时更新页面"复选框,单击"创建"按钮。

（7）对可编辑区域进行编辑,输入文本、插入图像等,保存网页,如图 2.189 所示。

（8）预览网页,分析网页中存在的问题,然后修改模板,例如,网页布局、美化网页、更正网页的链接等。接下来添加 Div 的背景图像,添加导航文本的超链接,在最下方添加名为♯down 的 Div,插入公司的名称和地址等。

（9）在多个页面中要添加一个公司新闻图片,此新闻图片会经常变动,最好的办法是将此部分内容创建为一个库项目。打开"资源"面板,选中"库"按钮,单击"资源"面板下方的"新建库项目"按钮,命名库项目,双击库名称,进入库的编辑状态,插入一幅图像后保存库项目。

（10）将库项目与模板相结合应用到网页中。在网页中综合应用模板和库将大大减少网站设计中重复的工作量。打开模板,将光标定位于名为♯a3 的 Div 的文本下方,打开"资源"面板,单击"库"按钮,选中库项目,将其拖动到页面的最下方。此时库就应用于模板了,如图 2.190 所示。

图 2.189　利用模板编辑的网页

图 2.190　将库添加到模板中

　　(11) 保存模板时,Dreamweaver 会提示用户是否更新模板文件,弹出"更新模板页面"对话框,单击"更新"按钮,继而弹出"更新页面"对话框,选择更新整个站点,单击"开始"按钮完成更新。

　　同理,利用模板创建站点中的其他页面。

练 习 题

1. 选择题

(1) 模板中的(　　)可以在网页编辑状态被使用者编辑。

    A. 可编辑区域   B. 锁定区域

    C. 任何区域   D. 以上都对

(2) (　　)不可以作为库项目。

    A. 图像   B. CSS 样式表文件

    C. 文本   D. JavaScript 脚本

(3) 下面叙述不正确的是(　　)。

    A. 模板和库的作用有相同的地方

    B. 模板主要应用在外观相同而内容不同的页面中,库主要应用在多个页面的相同部分

    C. 在应用模板的网页文档中可以直接修改模板文件

    D. 在应用库的网页文档中可以直接修改库文件

2. 简答题

(1) 什么是模板?在 Dreamweaver 中如何使用模板?

(2) 如何将库项目从源文件中分离?

(3) 模板和库的区别是什么?

上 机 实 训

1. 实训要求

(1) 利用模板创建站点。

要求:根据给定的网页素材,结合网页草图,创建和编辑模板,并利用模板快速生成相同风格、相似结构的网站。

(2) 在网页中添加库项目。

要求:在实训要求(1)的基础上,结合库项目独特优势,将多个网页中重复使用的网页元素存储为一个文件,即为库项目,然后在其他需要调用的网页或模板中调用库,从而达到提高网页设计的效率,如图 2.191 所示。

2. 背景知识

根据任务 2.6 所学的模板和库的知识,并结合前面所学的网页编辑和网页排版技术,进行网站设计与制作。

3. 实训准备工作

将网站的页面草图和网站的素材资料准备好,发送到学生主机,以供学生参考使用。

可编辑区域

可编辑区域

图 2.191 利用模板和库生成的网页

4. 课时安排

上机实训课时安排 2 课时。

5. 实训指导

(1) 利用模板创建站点

① 首先根据草图进行网站结构分析。本网站多个网页的网站风格是保持一致的,网页最上方是一个公司的标志(logo),右侧是横排的导航条;第二行是一个企业的广告横幅;第三行左侧是一个快速链接栏(设置为可编辑区域),右侧是每一个网页的主体内容(设置为可编辑区域);最下方是一个企业标志和公司地址信息栏。

② 打开"资源"面板,单击"模板"按钮,单击"创建模板"按钮并命名模板。双击模板名称,进入模板编辑状态,模板的编辑方法与网页完全相同,采用表格或 CSS＋Div 排版的方式建立模板结构。在第三行左侧"快速链接"处、右侧网页主体内容处插入两个可编辑区域,在可编辑区域内为空白,不输入内容。

③ 根据模板创建网页,编辑右侧的可编辑区域,输入"集团概括"的相关信息和插入图像,将网页保存为 about. htm,保存路径为根文件夹下。

④ 同理,建立另外几个页面,分别为总裁致辞、企业大事记,将它们保存为 about01. htm、about02. htm。

(2) 在网页中添加库项目

① 当浏览和检查网页时发现,实训要求(1)根据模板制作的网页是不完善的,左侧的快速链接没有内容,可由库来完成。

② 新建库项目,对其进行编辑,单击"属性"面板中"页面属性"按钮,打开"页面属性"

对话框,设置页边距均为 0。插入一个表格 6 行 1 列,宽度为 100%。在每个单元格中各输入一段文本分别为:快速链接、集团概括、总裁致辞、企业大事记、蓝海文化、产品介绍,第一个单元格的背景颜色为♯006633,其余单元格设置一个背景图像为 news_list_bg3.gif,保存库项目为 bt.lbi。

③ 应用库项目。打开实训要求(1)所建立的模板,将光标置于左侧单元格可编辑区域中。打开"资源"面板,单击"库"按钮,选中 bt.lbi,单击"插入"按钮,将库应用于模板中。

④ 保存该模板,此时会有一个更新提示,单击"更新"按钮,又会出现一个更新页面的对话框,确认更新完成,关闭对话框。

评价内容与标准

评价项目	评价内容	评价标准
模板的编辑	模板编辑:编辑锁定区域、定义可编辑区域	(1) 模板编辑合理美观 (2) 锁定区域和可编辑区域划分正确 (3) 根据模板和库快速创建站点形成统一风格的网站 (4) 模板和库的修改正确
根据模板创建网页	(1) 利用模板快速创建多个网页 (2) 修改模板并更新整个站点	
创建库项目并应用于模板和网页	(1) 创建库项目 (2) 应用库项目至网页和模板	

评 分 等 级

优	能高效、高质量完成各项能力的实训,并能独立解决遇到的特殊问题
良	能圆满完成各项能力的实训,偶有个别问题需要老师指导
中	能完成各项能力的实训,但有些问题需要同学和老师的指导
差	不能很好地完成各项能力的实训

成绩评定及学生总结

教师评语及改进意见	学生对实训的总结与意见

任务 2.7 制作多媒体站点

2.7.1 实例导入:多媒体站点

在网页中应用多媒体对象可以增强网页的娱乐性和感染力,多媒体已成为最有魅力的方式,也是潮流的方向。

【例 2.16】 制作"娱乐在线"多媒体站点,如图 2.192 所示。

图 2.192 "娱乐在线"网站首页

该多媒体站点主要实现的功能是在线观看 Flash 动画、Flash 视频以及其他类型的视频及音频文件。

在本网站实例中,主要涉及以下知识点。

- 背景音乐的设置;
- 插入 Flash 对象,包括 Flash 动画、Flash 视频等;
- 插入其他类型视频和音频文件。

2.7.2 在网页中插入多媒体对象

网页中常用的多媒体对象主要分为 Flash 类(包括 Flash 动画、Flash 视频等)、Java Applets、ActiveX 控件类,以及各种音频、视频文件(如 ShockWave 动画、RMVB、WMV、MP3 等)。

1. 设置页面背景音乐

由于背景音乐不是一种标准的网页属性,所以需要用修改源代码的方式为网页添加背景音乐。操作步骤如下。

(1)打开要添加背景音乐的网页,切换到"代码"视图或"拆分"视图。

(2)在<head>和</head>标签之间添加背景音乐的代码格式如下:

```
<bgsound src="背景音乐的 URL 地址" loop="n">
```

本实例添加的代码如图 2.193 所示。

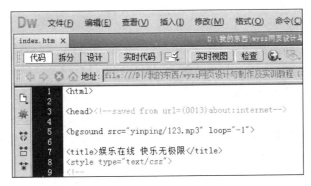

图 2.193　设置背景音乐

在 bgsound 标签中,src 用于指定背景音乐的源文件路径。loop 是指背景音乐的循环次数,如果输入为－1,则表示无限循环。bgsound 标签中所支持的背景音乐格式为 wav、mid、mp3 等。

保存网页,按下快捷键 F12,在浏览器中浏览并检查网页,倾听背景音乐的播放效果。

2. 插入 Flash 动画

Flash 动画是一种高质量、高压缩率的矢量文件,有超强的交互能力,也正是因为这些原因,Flash 在网络上得到了快速发展。

(1) 插入 Flash 动画

插入在网页中的 Flash 动画格式为 swf,Flash 源文件格式为 fla,源文件不能直接插入到网页中,但可以在 Flash 软件中修改源文件。

插入 Flash 动画常用的方法有两种。

方法一　单击"插入"栏→"常用"按钮组→"媒体"按钮组→SWF 按钮,如图 2.194 所示。

方法二　选择"插入"菜单→"媒体"→SWF 命令,如图 2.195 所示。

图 2.194　利用"插入"栏插入 SWF 动画

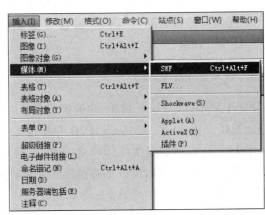

图 2.195　利用"插入"菜单插入 SWF 动画

插入 Flash 动画后,在文档窗口中出现 Flash 占位符,如图 2.196 所示。

（2）设置 Flash 动画的属性

单击 Flash 占位符,选中 Flash 动画,在"属性"面板中设置其属性,如图 2.197 所示。

Flash 各项属性的功能如下。

- FlashID:定义 Flash 名称。
- 宽和高:设置 Flash 的尺寸。
- 文件:Flash 动画文件路径。
- 编辑:单击"编辑"按钮,直接进入 Flash 软件进行编辑,可以不设置。
- 垂直边距与水平边距:与周围网页元素的间隔。

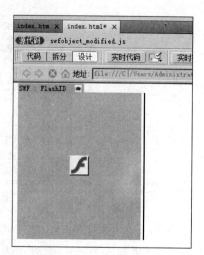

图 2.196　Flash 占位符

图 2.197　设置 Flash 动画的属性

- 选中"循环"复选框,动画将连续播放,否则动画播放一次后自动停止。选中"自动播放"复选框,设定 Flash 文件是否在页面加载时就播放。
- 品质:选择 Flash 动画的品质,如要以最佳状态显示,就选择"高品质"。
- 对齐:设置 Flash 动画的对齐方式。
- 背景颜色:设置 Flash 背景颜色与页面背景匹配。
- Wmode:为了使页面的背景在 Flash 下能够被衬托出来,设置参数去除 Flash 动画背景。单击"Wmode"下拉列表,设置值为"透明"。
- 播放与停止:单击"播放"按钮可预览 Flash 动画,单击"停止"按钮,停止播放 Flash 动画。

3. 插入 Flash Video

Flash Video 即 Flash 视频,它的扩展名为 flv,是目前广泛流行的一种视频文件格式。一般的视频文件 ASF、WMV、RMVB 等都需要专门的播放器来支持视频文件的播放,否则根本无法收看,并且这类文件容量过大,下载需要的时间长,查看也不很流畅。为了解决播放器和容量的问题,可以将各类视频文件转换成 Flash 视频文件,即 flv 格式,经过编码后的音频和视频数据,通过 Flash Player 传送。操作步骤如下。

单击"插入"栏→"常用"按钮组→"媒体"按钮组→FLV 按钮,或选择"插入"菜单→"媒体"→FLV 命令,弹出"插入 FLV"对话框,如图 2.198 所示。在此对话框中设置 Flash Video 的相关参数如下。

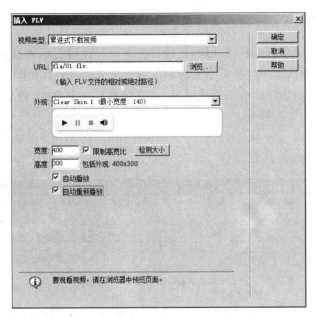

图2.198 "插入FLV"对话框

(1)"视频类型"下拉列表中有两种类型："累进式下载视频"和"流视频"。"累进式下载视频"是指将Flash视频(FLV)文件下载到站点访问者的硬盘上,然后播放。但是,与传统的"下载并播放"视频传送方法不同,累进式下载允许在下载完成之前就开始播放视频文件。"流视频"要求必须有特定服务器支持,一般选用"累进式下载视频"模式。

(2)在URL文本框中,输入Flash视频文件名,或单击"浏览"按钮,查找视频文件路径。

(3)从"外观"下拉列表中选择外观类型。所选外观的预览会出现在"外观"下方的预览窗中。

(4)单击"检测大小"按钮以确定FLV文件的准确宽度和高度。但是,有时Dreamweaver无法确定FLV文件的尺寸大小。在这种情况下,在"宽度"和"高度"文本框中,需手动输入数值。

(5)"自动播放"复选框:指定在Web页面打开时是否播放视频。默认情况下取消选择该选项。

(6)"自动重新播放"复选框:指定播放控件在视频播放完成之后是否返回起始位置继续播放。默认情况下取消选择该选项。

设置完毕后,单击"确定"按钮。单击Flash Video占位符,将其选中,在"属性"面板中设置Flash视频的属性,如图2.199所示。

图2.199 设置Flash视频属性

4. 插入由 FlashPaper 软件转换的 SWF 文件

FlashPaper 是一款格式转换软件,可以将任何可打印的文档转换为 SWF 或 PDF 文档,原文档的排版样式和字体显示不受影响。不论浏览者的平台和语言版本是什么,都可以自由地观看用户所制作的电子文档动画,并可以进行自由缩放、翻页、搜索和打印等操作,对文档的传播非常有好处。

用户安装 FlashPaper 软件后,打开 Word 软件时,在 Word 里就会增加 FlashPaper 菜单栏和 FlashPaper 工具栏,如图 2.200 所示。

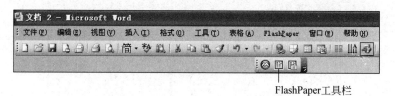

FlashPaper工具栏

图 2.200　Word 中的菜单栏和工具栏

在 Word 中,单击 FlashPaper 工具栏中的"转换为 Flash"按钮，即可将当前 Word 文档转换为 SWF 格式的文件。将它可以作为 Flash 文件插入到网页中。操作步骤如下。

单击"插入"栏→"常用"按钮组→"媒体"按钮组→SWF 按钮,或选择"插入"菜单→"媒体"→SWF 命令,即插入 SWF 文件,在文档窗口中出现一个 Flash 占位符,可拖动控制点,根据 FlashPaper 文件的浏览尺寸改变其宽度和高度(以像素为单位)。

5. 在网页中嵌入音频文件

在网页中加入背景音乐虽然简便,但是浏览者普遍缺乏对音频文件的控制能力。比如浏览者不想听到背景音乐时,却无法使播放的声音停下来,并且背景音乐所支持的音频文件格式有限。因此可以采用媒体插件的方式嵌入声音文件。

网页中的音频文件格式主要为 MID、WAV,几乎所有的浏览器都支持这两种声音格式,客户端无需插件即支持这两种格式的音频文件。另外还可插入 MP3、RM、MWA 等音频文件。

单击"插入"栏→"常用"选项→"媒体"按钮组→"插件"按钮,弹出"选择文件"对话框,在此选择音频文件的路径,单击"确定"按钮,如图 2.201 所示。

文档窗口出现插件占位符,选中插件占位符,拖动占位符四周的控制点,可调整播放器界面的尺寸,如图 2.202 所示。

此处单击"属性"面板中"参数"按钮,弹出"参数"对话框,如图 2.203 所示,或在"插件"标签检查器中,设置相关的参数,如图 2.204 所示。

(1) Autostart:是否自动播放,参数值为 True 和 False,选择 True,音频文件将自动播放。

(2) Hidden:播放器是否隐藏,参数值为 True 和 False,选择 True,将隐藏播放器,无法控制播放。

图2.201 "选择文件"对话框

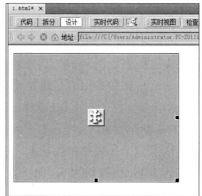
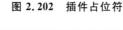

图2.202 插件占位符

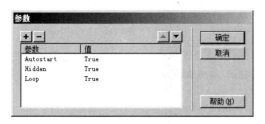

图2.203 参数对话框

图2.204 插件的标签检查器

（3）Loop：音乐是循环次数，参数值为 True、False 或输入一个具体的整数值，选择 True，音频文件将循环播放。

6．在网页中嵌入视频文件

随着宽带网络技术的飞速发展，网络视频点播已经普及，通过网络可以在线观看免费的动画，在线收看远程视频课程等。这些都是通过在网页中嵌入视频文件来实现的。

网页中视频文件的常见格式有 AVI、RMVB、ASF、WMV 等。嵌入方式与音频文件的嵌入方法一致。操作步骤如下。

单击"插入"栏→"常用"按钮组→"媒体"按钮组→"插件"按钮，在弹出"选择文件"对话框中查找视频文件路径即可。

在文档窗口出现插件占位符，根据视频画面大小拖动插件占位符四周的控制点改变插件尺寸，参数设置也与音频文件相似，这里就不重复了。

在网页中还可以插入更多的多媒体对象如 Shockwave、Java Applet、ActiveX 等，插入方法与上面所述相似，这里就不详细叙述了。

2.7.3 制作多媒体网站

下面详细讲解例 2.16 所举"娱乐在线"多媒体站点的制作过程。本网站的主要功能是实现视频点播。它由多个网页构成,通过超链接将网页关联起来。具体制作过程如下。

(1) 创建本地站点

首先创建一个本地站点,在站点内创建几个子文件夹,images 文件夹用来存放图像文件,shipin 文件夹用来存放视频文件,fla 文件夹用来存放 Flash 文件,yinpin 文件夹用来存放音频文件。首页 index.htm 保存在根文件夹中。

(2) 制作首页

① 首页采用表格排版技术。插入一个 3 行 3 列的表格,表格宽度为 960 像素,表格的间距、边距、边框均为 0。网页布局结构图如图 2.205 所示。

images/bt.swf	images/110.swf	
导航文本1	images/zhangsh.gif	导航文本2
	images/xiaohai.jpg	

图 2.205 "娱乐在线"首页结构图

② 第一行的第一个单元格背景图像为 images/bg01.gif,插入 Flash 动画 images/bt.swf,另两个单元格合并,背景图像仍为 images/bg01.gif,插入 Flash 文件为 images/110.swf,改变 Flash 动画的尺寸(因是矢量图形可以任意改变图形的尺寸)与表格宽度相符,两个 Flash 动画的背景均设置为透明。

③ 第二行共三列,左右两侧为文本导航文本信息,中间是图片和文本,并给文本添加链接。

④ 为网页添加背景音乐,将网页编辑状态切换到"代码"视图,在<head>和</head>之间添加如下代码:

```
<bgsound src="yinping/gsls.mp3" loop="-1">
```

背景音乐将循环播放。保存网页,首页制作完成。

(3) 制作其他页面

① 视频网页的制作。新建网页,保存为 shipin.htm,单击"插入"栏→"常用"按钮组→"媒体"按钮组→"插件"按钮,弹出"选择文件"对话框,选择文件路径为 shipin/zsh.wmv,再插入一个视频文件,文件路径为 shipin/finder.mov。保存网页,浏览并检查网页,视频播放效果如图 2.206 所示。

图 2.206 视频文件播放效果

② Flash MTV 网页的制作。新建一个页面,将其保存为 swf.htm,单击"插入"栏→"常用"按钮组→"媒体"按钮组→SWF 按钮,弹出"选择文件"对话框,选择文件路径为 fla/liwen365.swf。按快捷键 F12 浏览并检查网页,观察 Flash MTV 播放效果,如图 2.207 所示。

图 2.207 Flash MTV 播放效果

③ Flash Paper 网页的制作。安装 FlashPaper 软件,然后打开 Microsoft Word 软件,将 DOC 文件转换为 SWF 文件,将其命名为 flashpaper.swf。

在 Dreamweaver 中,新建一个页面,保存为 FlashPaper.htm。单击"插入"栏→"常用"选项→"媒体"按钮组→SWF 按钮,弹出"选择文件"对话框,选择文件路径为 fla/flashpaper.swf,拖动控制点,改变 SWF 文件浏览界面的尺寸。按快捷键 F12 浏览并检查网页,观察 FlashPaper 播放效果,如图 2.208 所示。

④ Flash 视频网页的制作。新建一个页面,保存为 flashvideo.htm。单击"插入"栏→"常用"按钮组→"媒体"按钮组→FLV 按钮,弹出"插入 FLV"对话框,选择视频类型为"累进式下载视频",输入 FlashVideo 文档路径为 fla/01.flv。按快捷键 F12 浏览并检查网页,FlashVideo 播放效果如图 2.209 所示。

⑤ 最后,添加导航文本的链接,完成多媒体网站的制作。

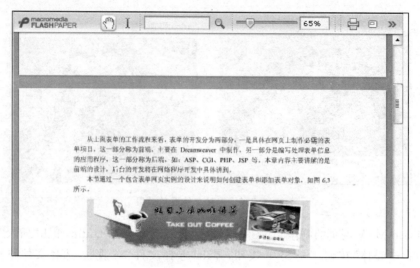

图 2.208 FlashPaper 播放效果

图 2.209 FlashVideo 播放效果

练 习 题

1. 选择题

（1）网页中背景音乐常用的音频文件格式为（　　　）。

    A. MID、WAV   B. WAV、JPEG、MOV

    C. SWF、WAV、RM   D. GIF、WAV、RM

（2）Flash 动画文件格式为（　　　）。

    A. JPG   B. WMV   C. ASF   D. SWF

（3）Flash 视频文件格式为（　　　）。

    A. SWF   B. FLA   C. FLV   D. AVI

2. 简答题

（1）网页中常用的多媒体对象包括哪些？

（2）Flash 视频与其他视频格式文件比较有什么优点？

（3）如何将 Flash 动画的背景设置为透明？

上机实训

1. 实训要求

（1）制作多媒体站点首页

根据给定的网页草图及相关素材，布局页面，插入网页元素，首页内容包括 Flash 动画、修饰的一些图像及按钮、文本，添加超链接等。首页效果图如图 2.210 所示。

图 2.210　实训多媒体站点首页

（2）制作站点内的其他网页

制作包括 Flash MTV、Flash Video、视频点播、在线视听等多个网页，最后添加首页与其他页面之间的链接。

2. 背景知识

根据任务 2.7 所介绍的在网页中嵌入多媒体对象的方法，再综合前面所学的创建站点及编辑网页的知识，制作功能完善的多媒体站点。

3. 实训准备工作

将网页草图和网页素材，如音频、视频、Flash 等文件，还有相关的软件，例如 FlashPaper 软件准备好，发送到学生主机中，以供学生参考使用。

4. 课时安排

上机实训课时安排 2 课时。

5. 实训指导

（1）首先制作多媒体站点的首页，首页背景颜色为深蓝色（#012F47），该网页的布局可采用表格的方式。

（2）在第 1 行单元格中，插入 Flash 动画，显示为文本动画"悠悠在线视听"；在第 2 行单元格中，连续插入图像按钮，构成导航条；在第 3 行插入一个图像文件 images/001.jpg。将第 4 行拆分为 2 个单元格，第 1 个单元格插入一幅图像文件 images/once.jpg，并输入文本："李玟：爱你在每一天"，在第 2 个单元格插入一幅图像文件 images/xuruyun.jpg，并输入文本："许茹云：好听"；在最后一行插入一幅图像：images/002.jpg；在"代码"视图<head> 和</head>之间添加背景音乐的代码：< bgsound src＝"yinping/halfmoon.mp3" loop＝"－1">。

（3）制作其他的多媒体页面。

① Flashvideo.htm：插入一个 Flash 视频文件 fla/02.flv。

② Flashmtv.htm：插入一个 Flash 动画文件 fla/liwenonce.swf。

③ Flashpaper.htm：插入一个 Flash 文件 fla/flashpaper.swf。

④ Shiping.htm：插入一个视频文件 shiping/xuruyun.wmv。

⑤ Yinping.htm：插入一个音频文件 yinping/halfmoon.mp3。

（4）添加图像按钮的链接。最后，添加图像按钮的链接，浏览并检查多媒体网站。

评价内容与标准

评价项目	评价内容	评价标准
插入背景音乐	添加背景音乐准确	（1）多媒体网站首页设计大方、美观
插入 Flash 动画及其他 Flash 对象	（1）正确插入 Flash 动画、Flash 视频 （2）正确插入音频和视频文件 （3）正确添加链接	（2）嵌入的多媒体对象能够正确播放 （3）其他网页能够实现多媒体功能
嵌入音频及视频文件	正确嵌入音频和视频文件	（4）站点之间网页链接正确无误

评 分 等 级

优	能高效、高质量完成各项能力的实训，并能独立解决遇到的特殊问题
良	能圆满完成各项能力的实训，偶有个别问题需要老师指导
中	能完成各项能力的实训，但有些问题需要同学和老师的指导
差	不能很好地完成各项能力的实训

成绩评定及学生总结

教师评语及改进意见	学生对实训的总结与意见

单 元 小 结

本学习单元主要介绍了以下内容。

（1）管理站点：创建本地站点、编辑站点等。

（2）网页元素的编辑及相关属性的设置方法：文本修饰、添加超链接、插入图像等。

（3）使用表格、层及框架进行网页排版。

（4）CSS 样式的分类、语法结构、创建与应用 CSS＋Div 进行网页布局。

（5）利用表单制作会员注册信息表或反馈表单。

（6）利用模板和库快捷生成风格一致的网站。

（7）多媒体技术在网站中的应用。

单元 3

利用 Fireworks 设计网页界面

本单元首先介绍图像的设计基础以及色彩的初步应用,然后再详细介绍如何利用 Fireworks 软件进行图像处理和页面设计。

【单元学习目标】

- 赏析经典网站;
- 了解美学基础知识,包括色彩的搭配、画面的布局等;
- 了解 Web 图像基础知识;
- 掌握 Fireworks 软件的基本操作;
- 学会使用 Fireworks 工具设计网站的首页、栏目页、内容页的平面效果图;
- 学会设计网页的 GIF 动画;
- 学会设计网页的交互效果,如按钮、交互图像等;
- 学会将图像切割并导出为网页。

任务 3.1 了解图像基础及色彩应用

在进行网页设计之前,首先要掌握色彩的应用技术和图像基础知识。本节内容是通过实例围绕这两个方面展开的。

3.1.1 认识色彩

为了能更好地应用色彩来设计网页,先来介绍一些色彩的基本概念。自然界中有很多种色彩,比如玫瑰是红色的,大海是蓝色的,橘子是橙色的等,但是最基本的色彩有三种,即红,绿,蓝,其他的色彩都可以由这三种色彩调和而成,这三种色彩称为"三原色"。

现实生活中的色彩可以分为彩色和非彩色。其中黑、白、灰色属于非彩色系列,其他的色彩都属于彩色,如图 3.1 和图 3.2 所示。

下面介绍两种常用的色彩模式。

图 3.1　彩色图

图 3.2　非彩色图

1. HSB 色彩模式

任何一种彩色具备三个要素：色相（H）、纯度（S）和明度（B）。把这三个要素做成立体坐标，就构成色立体，其中非彩色只有明度属性，如图 3.3 所示。

（1）色相 H（Hue）

色相也叫色调，指颜色的种类和名称，是指颜色的基本特征，是一种颜色区别于其他颜色的因素。色相和色彩的强弱及明暗没有关系，只是纯粹表示色彩相貌的差异。如红、橙、黄、绿、蓝、紫等不同的基本色相，如在各色中间加插一两个中间色，其头尾色相按光谱顺序排列为红、橙红、橙、黄橙、黄、黄绿、绿、蓝绿、蓝、蓝紫、紫、红紫，即为 12 基本色相，如图 3.4 所示。

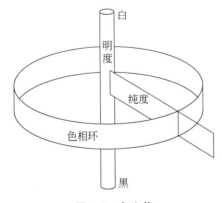

图 3.3　色立体

图 3.4　12 色相环

（2）明度 B（Brightness）

明度也叫亮度，指颜色的深浅、明暗程度，没有色相和饱和度的区别。不同的颜色，反射的光量强弱不一，因而会产生不同程度的明暗。非色彩的黑、灰、白色较能形象地表达这一特质，白色为最亮，黑色为最暗，黑白之间不同程度的灰，都具有明暗强度的表现。彩色则根据自身所具有的明度值，并通过加减灰、白来调节明暗，如图 3.5(a) 和图 3.5(b) 所示。

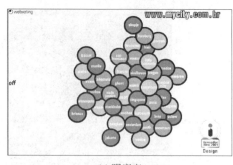

(a) 明度高　　　　　　　　　　　　(b) 明度低

图 3.5　明度

（3）纯度 S(Saturation)

纯度也叫饱和度，指色彩的鲜艳程度。以正红为例，有鲜艳无杂质的纯红，有涩而干残的"凋玫瑰"，也有较淡薄的粉红。一般来说，原色最纯，颜色的混合越多则纯度逐渐减低。如某一鲜亮的颜色，加入了白色或者黑色，使得它的纯度低，颜色趋于柔和、沉稳。

2. RGB 色彩模式

RGB 色彩模式是工业界的一种颜色标准，表示红色、绿色、蓝色，又称为三原色光，英文为 R(Red)、G(Green)、B(Blue)，通过它们相互之间的叠加来得到各种颜色。

通常情况下，RGB 各有 256 级亮度，用数字表示为从 0,1,2,…,255，共 256 级。256 级的 RGB 色彩总共能组合出约 1678 万种色彩，即 $256 \times 256 \times 256 = 16777216$，通常也将其简称为 1600 万色或千万色，也称为 24 位色（2 的 24 次方）。

对于单独的 R 或 G 或 B 而言，当数值为 0 时，代表这种颜色不发光；如果为 255，则该颜色为最高亮度。因此当 RGB 三种色光都发到最强的亮度，RGB 值就为 255,255,255，表示纯白色。黑的 RGB 值是 0,0,0。同理，纯红的值是 255,0,0；纯绿的值是 0,255,0；而纯蓝的色值就是 0,0,255。黄色较特殊，是由红色加绿色而得，即 255,255,0。

RGB 模式是显示器的物理色彩模式。这就意味着无论在软件中使用何种色彩模式，只要是在显示器上显示的，图像最终就是以 RGB 方式出现。

3.1.2　色彩的作用

色彩使宇宙万物充满情感，生机勃勃。色彩作为一种最普遍的审美形式，存在于人们日常生活的各个方面，人们的衣、食、住、行、用均与色彩发生着密切的关系。

（1）色彩的冷暖

红、橙、黄等颜色使人联想到阳光、烈火，故称为"暖色"；绿、蓝、紫等颜色与黑夜、寒冷相连，故称为"冷色"。

（2）色彩的轻重

各种色彩给人的轻重感不同，从色彩得到的重量感，是质感与色感的复合感觉。浅色密度小，给人质量轻的感觉；深色密度大，给人分量重的感觉。

（3）色彩的前进与后退

如果等距离地观察两种颜色,可以给人不同的远近感。暖色比冷色更富有前进的特性。两色之间,亮度偏高的色彩呈前进性,饱和度偏高的色彩也呈前进性。

（4）色彩的艳丽与素雅

如果是单色,饱和度越高,则色彩越艳丽。饱和度越低,则色彩越素雅。除了饱和度,亮度也有一定的关系。不论什么颜色,亮度高时,即使饱和度低也给人艳丽的感觉。

3.1.3　色彩的配色方案应用实例

红色让人联想到玫瑰、喜庆、兴奋;白色联想到纯洁、干净、简洁;紫色象征着女性化、高雅、浪漫;蓝色象征高科技、稳重、理智;橙色代表了欢快、甜美、收获;绿色代表了充满青春的活力、舒适、希望等。当然不是说某种色彩一定代表了什么含义。在特定的场合下,同种色彩可以代表不同的含义。更多的色彩知识可参考专业的色彩理论与应用方面的书籍,这里仅介绍几种常用的网页色彩配色实例。

1. 红色色系

红色是最鲜明生动的、最热烈的颜色,因此红色也是代表热情的情感之色。鲜明红色极容易吸引人们的目光。在主要由红色成分构成的色彩中,粉红色象征了浪漫、温馨,暗红色象征了神秘、深沉,桃红色象征了时尚、明亮。下面研究的是红色的配色规律。

高亮度的红色通过与灰色、黑色等非彩色搭配使用,可以得到现代且激进的感觉。

低亮度的红色具有冷静沉重的感觉,可以营造古典的氛围。

红色如果与亮度、饱和度较强的冷色(如蓝色、绿色)相配,中间最好能有一些过渡性的颜色;如纯红与纯蓝相配时,中间可以插入面积适中的白色;大红与大绿相配时,中间可以用棕色或黑色间隔,如图3.6所示。

2. 蓝色色系

蓝色是色彩中比较沉静的颜色,它是现代商务领域常用的流行色。蓝色与绿色、白色的搭配在现实生活中随处可见。

主色调选择明亮的蓝色,配以白色的背景和灰亮的辅助色,可以使站点干净而整洁,给人庄重、充实的印象。

蓝色、绿色、白色的搭配可以使页面看起来非常干净清澈,如图3.7所示。

3. 其他色系

（1）橙色

使用高亮度的橙色的站点通常都会给人以一种晴朗新鲜的感觉,而通过将黄色、绿色等颜色与橙色搭配使用,通常能得到非常好的效果,而中等色调的橙色类似于泥土的颜色,用来创造自然的氛围。

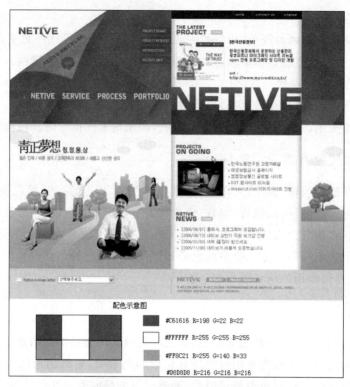

图 3.6　网页红色系配色案例

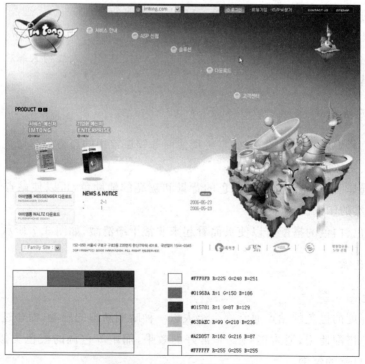

图 3.7　网页蓝色系配色案例

（2）黄色

黄色是阳光的色彩,具有活泼与轻快的特点,给人十分年轻的感觉,浅黄色表示柔弱,灰黄色表示病态。高彩度的黄色与黑色搭配得到清晰整洁的效果;采用同一色调的深褐色与黄色的搭配,可以表达一种成熟的城市时尚感觉。

（3）绿色

绿色代表了生命与希望,充满了青春活力,经常用于与自然、健康相关的站点。与绿色搭配的近似色有其他种类的绿色、蓝绿色、黄绿色、较柔和的紫色等;与橙色、黄色、白色等搭配可以形成鲜明对比的色彩组合,与橙色的搭配将是非常不错的选择。

4. 黑白灰色彩

黑白灰是万能色,可以跟任意一种色彩搭配。当用户为某种色彩的搭配苦恼的时候,不妨试试用黑白灰。当用户觉得两种色彩的搭配不协调,试试加入黑色,或者灰色。对一些明度较高的网站,配以黑色,可以适当地降低其明度。

白色是网站用的最普遍的一种颜色。很多网站甚至留出大块的白色空间,作为网站的一个组成部分,这就是留白艺术。留白,给人一个遐想的空间,让人感觉心情舒适、畅快,恰当的留白对于协调页面的均衡起到相当大的作用,设计性网站较多运用留白艺术。

一个网站不可能单一地运用一种颜色,这会让人感觉单调、乏味;但是也不可能将所有的颜色都运用到网站中,这会让人感觉轻浮、花哨。一个网站必须有一种或两种主题色,不至于让浏览者迷失方向,也不至于单调,乏味。所以确定网站的主题色也是设计者必须考虑的问题之一。

一个页面尽量不要超过4种色彩,用太多的色彩让人没有方向、没有侧重。当主题色确定好以后,考虑其他配色时,一定要考虑其他配色与主题色的关系,要体现什么样的效果? 哪种因素占主要地位,是明度、纯度还是色相?

如想了解更多的知识,请查看《网页设计配色实例分析》等参考书籍。

3.1.4 矢量图形和位图图像

1. 矢量图

矢量图是用线条和填充色等信息来描述图形的,一般矢量格式的文件通常比较小,对矢量图进行操作,改变图形尺寸、形状等,不会改变图形的显示品质,如图3.8所示。制作矢量格式图形的软件有 Freehand、CorelDraw、AutoCAD 等。

2. 位图

位图图像是用像素点描述图像的。在位图中,图像的细节由每一个像素点的位置和色彩来决定。位图图像的品质与图像生成时采用的分辨率有关,即在一定面积的图像上包含有固定数量的像素。当图像放大显示时,图像变成马赛克状,因此放大图像的尺寸,会降低图像的显示品质,如图3.8所示。制作位图图像的软件常有 Photoshop、Fireworks、ImageReady 等。

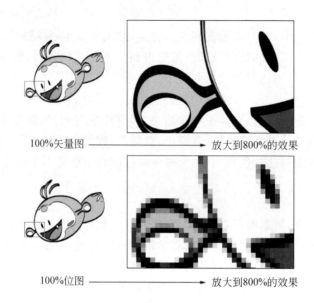

100%矢量图 ————————→ 放大到800%的效果

100%位图 ————————→ 放大到800%的效果

图 3.8　矢量图形和位图图像

任务 3.2　制作静态图像

　　Fireworks 是一款专为网络图形设计而开发的图形编辑软件,它大大简化了网络图形设计的工作难度。使用 Fireworks 既可以设计静态图像,也可以轻松地制作出十分动感的 GIF 动画,还可以轻易地完成大图切割、动态按钮、动态翻转图等操作。借助于 Fireworks CS5,用户可以在直观、可定制的环境中创建和优化用于网页的图像并进行精确控制。Fireworks 的优化工具可帮助在最佳图像品质和最小压缩大小之间达到平衡。它与 Dreamweaver 和 Flash 共同构成的集成工作流程可以完美地完成创建并优化图像的工作。利用可视化工具,无需学习代码即可创建具有专业品质的网页图形和动画,如变换图像和弹出菜单等。

　　在将图像插入到网页之前,一般需要对图像进行处理。在 Fireworks 中处理图像一般遵循以下流程:创建图形和图像→创建 Web 对象→优化图像→导出图像。

　　1. 创建图形和图像

　　Fireworks 可以在两种模式下编辑图像文档,一是在矢量图模式下绘制和编辑图形路径;二是在位图模式下编辑的是像素点。Fireworks 工具箱面板是按矢量工具和位图工具进行分组的。

　　2. 创建 Web 对象

　　Web 对象是在网页交互中使用到的一些基本的操作对象,主要包括切片和热点区。切片是将一幅完整的图像切割成不同的切片对象,并能在这些切片上添加动作、动画或超链接等。可对不同的切片对象设置不同的属性,比如不同的图像格式等。而热点区是指在一幅图像可设置不同的超链接响应区域。

3. 优化图像

为了保证图像在网页中快速下载,可以优化图像,在保证图像品质的前提下获得较小的图像文档。可以采用减少图像的色彩数量、降低图像的品质,将大的图像通过切割变成小的图像,并对不同的切片进行优化处理等方法来减小图像的大小。

4. 导出图像

完成图像优化后,按照一定格式导出图像,导出的图像可以直接应用于网页。Fireworks 图像源文件将以 PNG 格式保存。根据不同的应用需要可将图像导出相应的格式。

3.2.1 Fireworks CS5 的工作界面

Fireworks CS5 的工作界面由 5 个部分组成:文档窗口、菜单栏、"属性"面板、工作面板组、工具箱面板,如图 3.9 所示。

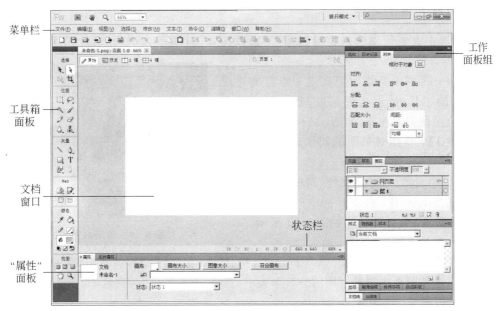

图 3.9 Fireworks 的工作界面

1. 文档窗口

文档窗口是工作界面中的主要部分,用来显示所编辑的对象,在文档窗口上方有 4 个标签,分别为"原始"、"预览"、"2 幅"、"4 幅",其中"2 幅"、"4 幅"分别显示不同压缩比例下的图像与原始图像的比较。

在文档窗口下方是状态栏,显示当前文档的大小及显示的比例。状态栏左侧的动画按钮可控制动画图像的显示。

2．菜单栏

菜单栏提供了程序功能的命令菜单,可以通过菜单栏中的命令完成某项特定操作。

3．"属性"面板

"属性"面板显示当前选中对象的属性以及当前工具属性或文档属性。

4．工作面板组

Fireworks的工作面板组包括有图层、状态、颜色混合、行为和优化等。单击"窗口"菜单,选择相应的命令便可打开或关闭各种面板。

5．工具箱面板

工具箱面板放置了可供编辑图形图像和文本的各种工具,利用这些工具,用户可以方便地进行绘图、修改、移动、缩放及编排对象等操作。

3.2.2　位图图像的处理

在网页中大量使用的是位图图像,下面以图3.10所示为例,介绍位图图像的相关操作。

Fireworks的工具箱面板提供了丰富的处理位图图像的工具,能够实现选取、裁剪、绘制、变形、修饰位图图像的功能,如图3.11所示。

【例3.1】　位图效果图的制作。具体操作步骤如下。

(1)新建文档。选择"文件"菜单→"新建"命令,或单击Fireworks启动界面中的"新建"选项组→"Fireworks文件"图标,如图3.12所示。

图3.10　位图效果实例

弹出"新建文档"对话框,输入"画布大小"参数,"宽度"为600像素,"高度"为400像素,"分辨率"为72像素/英寸(1英寸＝2.54厘米,下同),这是网页中图像常用的分辨率大小,选择"画布颜色"为白色,如图3.13所示。

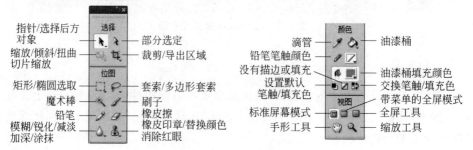

图3.11　位图处理工具

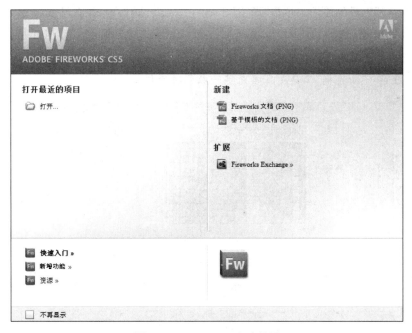

图 3.12 Fireworks 启动界面

图 3.13 "新建文档"对话框

（2）"选取框"工具的使用。单击"选取框"工具，在"属性"面板中的"样式"下拉列表中选择"正常"选项，"边缘"为"实边"，如图 3.14 所示，以画布的最左、最上方为起点，按下鼠标左键拖动，在画布上绘制一个选取矩形框，将光标移动到最右方、最下方释放，即选中了整个画布。

图 3.14 "选取框"工具的属性设置

（3）"渐变"工具的使用。单击"渐变"工具,在"属性"面板中,设置渐变颜色为由深绿色（♯006600）到白色（♯FFFFFF）,按下鼠标左键,沿垂直方向拖动鼠标填充渐变颜色,如图3.15所示,按组合键Ctrl＋D取消选择。

注意:"油漆桶"工具是在填充单一颜色时使用的。

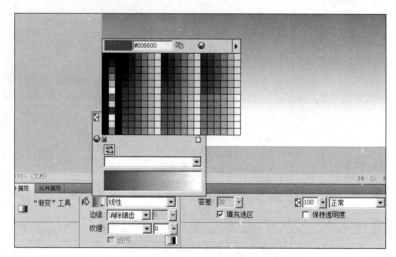

图3.15　"渐变"工具的属性设置

（4）"魔术棒"的使用。打开位图文件apple.jpg。由于此图像较大,单击"修改"菜单→"画布"选项→"图像大小"命令,图像分辨率改为72像素/英寸,成比例地缩小图像的尺寸至300×220（像素）。

（5）"魔术棒"工具的使用。位图背景为白色,如何去除图像中白色的背景图,使得图像与第（3）步所设置的渐变背景相融合?单击"魔术棒"工具,在"属性"面板中设置容差为32（容差值越大,选择的范围越广）,选中"动态选取框"复选框,边缘为"实边",如图3.16所示。在图像白色背景处单击,即选中白色色值的范围,单击"选择"菜单→"反选"命令,即选中电脑,再单击"选择"菜单→"羽化"命令,将羽化半径设为5像素,复制选中的图像,将其粘贴至第（3）步所建的画布中。

图3.16　"魔术棒"工具的使用

（6）滤镜效果使用。用"指针"工具单击电脑图像,在"属性"面板中,单击"滤镜"右侧的"＋"号按钮,在弹出的菜单中,选择"阴影与光晕"选项→"光晕"命令,如图3.17（a）所示,在弹出的对话框中设置参数,宽度为9,颜色为白色（♯FFFFFF）,不透明度为65％,柔化为11,偏移为0,如图3.17（b）所示。

（7）克隆图像。选择"编辑"菜单→"克隆"命令克隆图像,选中图像并单击"缩放"工

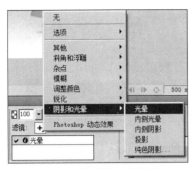 

(a) "滤镜效果" 的使用　　　　(b) 发光效果参数的选择

图 3.17　使用"滤镜效果"

具,按下 Shift 键单击并拖动鼠标左键,成比例地缩小图像,如图 3.18 所示。再克隆一个图像,用"指针"工具移动图像分布在画布的不同位置。

图 3.18　缩放工具的使用

（8）修改图像的不透明度。单击缩小后的电脑图像,在"属性"面板中单击"不透明度",单击左侧下拉箭头,拖动滑动杆改变不透明度的值为 30,如图 3.19 所示。

（9）水平翻转。单击另一幅小电脑图像,选择"修改"菜单→"变形"选项→"水平翻转"命令,如图 3.20 所示。

（10）导入外部图像。选择"文件"菜单→"导入"命令,在"导入"对话框中,选择 flower.jpg 图像,单击"打开"按钮。在画布中导入图像有以下两种方法:

方法一　在画布指定位置直接单击,将图像文件

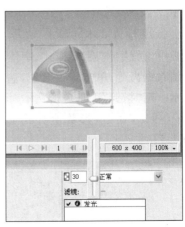

图 3.19　图像不透明度的设置

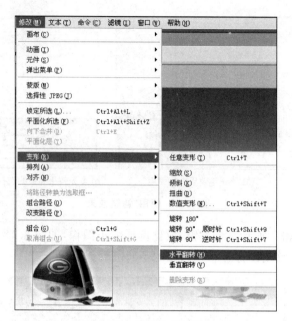

图 3.20　图像水平翻转

按 100％比例导入画布。

　　方法二　预先在画布中单击并拖动鼠标，绘制一个固定大小的矩形块，图像文件按比例缩放导入到画布中。

　　此处采用的是方法二，导入一幅花卉位图（flower.jpg）。

　　（11）"套索"工具的使用。单击"套索"工具，在"属性"面板中，设置"边缘"为羽化，"值"为10，单击并拖动鼠标沿花卉边缘移动"套索"工具，最后回到起点，释放鼠标左键即选中花卉，选择"选择"菜单→"反选"命令，按 Del 键删除花卉原背景。

　　（12）单击花卉。在"属性"面板中，单击"滤镜"右侧的"＋"号按钮，在弹出的菜单中选择"模糊"→"缩放模糊"按钮，在弹出的"缩放模糊"对话框中设置参数："数量"为30，"品质"为50，如图 3.21 所示。

图 3.21　缩放模糊效果

　　（13）输入文本。单击"文本"工具▲，在"属性"面板中设置字体、字体样式、字体大小、字体颜色、平滑消除锯齿等，单击画布某处，输入文本，如图 3.22 所示。用"指针"工具单击文本对象，在"属性"面板中，选择"滤镜"效果→"阴影与光晕"选项→"投影"命令，参数值分别如下：距离为 3，不透明度为 65，柔化值为 4，偏移角度为 315。

图 3.22　"文本"工具的使用

（14）导出图像。图像效果图制作完成后，打开"优化"面板，在"优化"面板中对图像进行优化，图像格式选择为 JPEG，"品质"选择为 60，然后选择"文件"菜单→"导出"命令，或在"优化"面板中不进行任何设置，直接选择"文件"菜单→"图像预览"命令，弹出"图像预览"对话框，在此设置相应的参数，如图 3.23 所示，单击"导出"按钮，弹出"导出"对话框，保存文件，制作完成。

图 3.23　图像预览

3.2.3　绘制和编辑矢量对象

绘制如图 3.24 所示的"标志集锦"矢量图例。

矢量绘图是基于路径的绘画。与使用一行行像素来构成马赛克式图像的位图不同，矢量对象使用线条，可以说是对线条的描述。

1. 矢量工具的使用

矢量工具如图 3.25 所示。

图 3.24　矢量绘图实例：标志集锦

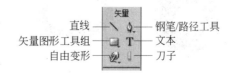

图 3.25　矢量工具

（1）绘制基本图形

绘制直线、矩形、椭圆、多边形、星形等矢量图。

① "直线"工具：按下 Shift 键，可以绘制水平、垂直或 45°夹角的直线。

② "矩形"工具或"椭圆"工具：按下 Shift 键并拖动鼠标，以光标所在点为起始点绘制正方形或圆形，按下 Alt 键，以光标所在点为中心开始绘制矩形或椭圆。

③ "多边形"工具：绘制的形状可分为多边形和星形，在"属性"面板中可设置多边形形状、边数及角度设置项。

④ "钢笔"工具：直接单击可绘制由直线组成的折线，在测绘点单击并拖动鼠标左键拖动，可绘制贝赛尔曲线，可用"部分选取"工具调节曲线上的控制杆的方向和长度来调节曲线的曲率，如图 3.26 所示。

图 3.26　使用钢笔工具绘制线条

（2）绘制矢量图形

Fireworks 提供了一组"矢量图形"工具，可以绘制更为复杂的几何图形，如图 3.27 所示。

【例 3.2】　日本丰田汽车标志的绘制，如图 3.28 所示，操作步骤如下。

① 新建一个文档，大小 400×300（像素），选择"视图"菜单→"标尺"→"辅助线"→"显示辅助线"命令，将光标指向水平标尺处单击并向下拖动到画布中间位置，再将光标指向垂直标尺处单击并拖动到画布中间位置，使得两条辅助线相交于一点。

② 单击"矢量图形"工具组→"椭圆"工具，单击并拖动鼠标，绘制一个圆环，拖动内径控制点调节圆环的内径。如图 3.28(a)所示。

③ 单击"缩放"工具，拖动图形右侧的控制点，使正圆环变形椭圆环，将圆环圆心置于画布两条辅助线交点处，如图 3.28(b)所示。

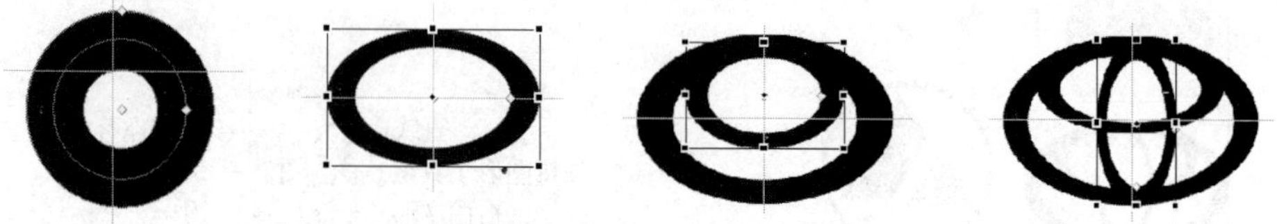

图 3.27　矢量图形工具

 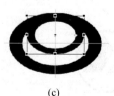 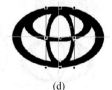

(a)　　　　　　(b)　　　　　　(c)　　　　　　(d)

图 3.28　丰田汽车标志的绘制过程

④ 克隆圆环,单击"缩放"工具,缩小圆环,使小圆环上半部分圆弧与大圆弧重合,如图 3.28(c)所示。

⑤ 克隆小圆环,选择"修改"菜单→"变形"选项→"旋转 90°顺时针"命令,单击"缩放"工具调节圆环大小,如图 3.28(d)所示,操作完成。

2."自动形状"面板

选择"窗口"菜单→"自动形状"命令,打开"自动形状"面板,"自动形状"面板中有一些预设的图形可备调用,单击某个图形并将其拖动到画布上,再通过单击或拖动控制点来调节图形的相关属性,如图 3.29 所示。

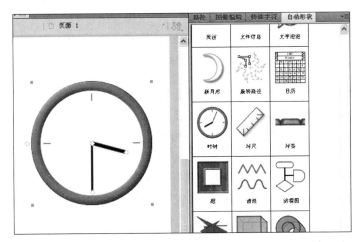

图 3.29　"自动形状"面板

3.编辑路径

可对已绘制好的路径进行修改,例如修改曲率、增删节点或切割路径等。

(1)"部分选取"工具的使用

单击"部分选取"工具,拖动路径的节点,改变节点的位置和路径的曲率,单击某一控制点,按 Del 键删除该点。

(2)"钢笔"工具

单击"钢笔"工具,靠近当前选中的路径时可增加或删除节点,当"钢笔"工具置于路径上时,指针旁出现一个"＋"号的标志,单击可增加节点;当指针置于节点上时,出现"－"号的标志,单击可删除该节点。

(3)"刀子"工具

单击"刀子"工具切割路径,用"刀子"工具画一条穿过路径的线,使用"部分选取"工具选择其中的一条路径并移动,就会发现原先的路径已经被切割。

【例 3.3】 雪铁龙汽车标志的绘制,如图 3.30 所示。

① 新建一个文档,大小为 200×200(像素),单击"矩形"工具,在"属性"面板中设置填充颜色为红色,按下 Shift 键,绘制一个正方形。

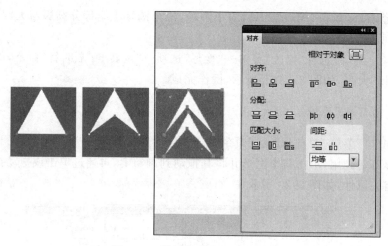

图 3.30　雪铁龙汽车标志的制作

②　单击"多边形"工具,在"属性"面板中设置填充颜色为白色,选择"边"为 3,选中"自动"复选框,即自动调节锐度,绘制一个三角形。

③　单击"钢笔"工具,将鼠标指针移到三角形下边中间位置,指针处出现一个"＋"号,单击鼠标左键,添加了一个节点。

④　单击"部分选取"工具,单击下边中间节点并拖动鼠标,将其向上移动。

⑤　选中三角形变化后的图形,选择"编辑"菜单→"克隆"命令,然后用"指针"工具向下移动克隆的三角形,调整两个相同图形的位置。

⑥　选中下方的正方形,在"属性"面板中单击"滤镜"右侧"＋"号按钮,选择"阴影与光晕"选项→"投影"命令,在弹出的对话框中设置参数值如下:距离为 8,颜色为黑色(♯000000),不透明度为 65％,柔化值为 4,角度为 315。

⑦　选中三个图形,选择"窗口"菜单→"对齐"命令,选择垂直对齐,操作完成。

4.　组合和组合路径

(1)　组合

选择"修改"菜单→"组合"命令,多个矢量对象将组合为一个矢量对象,每个矢量对象保持原有属性,选择"取消组合"命令,恢复为多个矢量对象。

(2)　组合路径

对多个矢量图形路径采用逻辑运算方法组合为一个复杂的路径。选择"修改"菜单→"组合路径"组中的某一项命令,如图 3.31 所示。

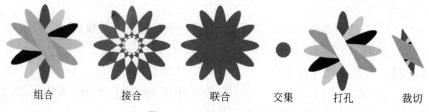

组合　　　接合　　　联合　　　交集　　　打孔　　　裁切

图 3.31　组合和组合路径

① 接合：将多个矢量对象合并为一个路径，将其中重合的路径部分不填充，透明处理。

② 联合：将多个矢量对象合并为一个对象，将其中重合的路径部分完全融合，只剩下最外部的轮廓。

③ 交集：将多个矢量对象的共同区域（即相交部分）保留下来，形成一个新的路径。

④ 打孔：删除上方所选对象与下方所选对象重叠部分。

⑤ 裁切：使用最上面的路径去修剪下面的路径，新的路径应用下面的对象属性。

5. 笔触、填充和样式

(1) 笔触

选中矢量对象，在"属性"面板中设置笔触属性，"属性"面板中包括了所有笔触属性的设置，如笔触类别、名称、颜色、笔尖形状、粗细、边缘柔和度及纹理填充等，如图 3.32(a) 所示。

【例 3.4】 彩色线条的绘制，如图 3.32(b)最右侧的图形所示，操作步骤如下。

(a) 笔触属性的设置

(b) 笔触效果

图 3.32　笔触的应用

单击"钢笔"工具，在画布上绘制一条曲线，选择"修改"菜单→"改变路径"选项→"扩展笔触"命令，弹出"展开笔触"对话框，设置宽度为10，单击"确定"按钮，在"属性"面板中选择"填充"类别为"线性渐变"，设置预置为"光谱"，令笔触为无，操作完成。

(2) 填充

Fireworks中的填充包括实心、渐变色、图案填充等，如图 3.33(a)。选中需填充的矢量对象，在"属性"面板中设置填充类别、边缘、纹理等如图 3.33(b)所示。

【例 3.5】 填充实例，操作步骤如下。

① 新建一个文档，大小为 400×300（像素），背景色为白色（♯FFFFFF），单击"椭圆"工具，在画布上绘制一个圆环，拖动内径控制点左移，扩大内径，使圆环变成一个圆。

② 单击外控制点，同时按下 Alt 键，圆环分段，拖动控制点，到圆的某个位置释放，再按下 Alt 键，拖动控制点，到圆的某个位置释放，此时把圆分成三段，单击"部分选取"工具，选中其中的一段，在"属性"面板中，设置填充颜色为实心，黄色（♯FFFF00）。单击"部分选取"工具，选中另一段，设置填充为图案为"贝伯地毯"。再单击"部分选取"工具，选中最后一段，设置填充类别为"线性渐变"，选择预置中的绿色（♯00FF00），操作完成，效果如图 3.33 所示。

实心填充　　　　实心和纹理填充　　实心、纹理和渐变填充

(a) 填充实例

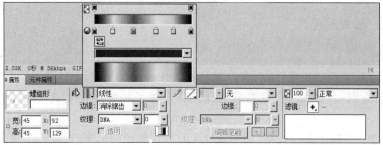

(b) 填充属性的设置

图 3.33　填充的应用

　　对于渐变填充，通过渐变调节杆可调整渐变的方向，操作方法为：用"指针"工具选中矢量对象，拖动调节杆调节渐变的范围，移动调节杆的位置，改变渐变起始点，效果如图 3.34 所示。

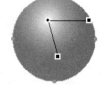

　　(3) 样式

　　样式是笔触、填充、效果和滤镜的综合。"样式"面板中包含了一些预定义的样式。用户也可创建自己的样式。选择"窗口"菜单→"样式"命令，打开"样式"面板，选中要应用样式的对象，单击"样式"面板中的某个样式，此样式即应用于当前操作对象。

图 3.34　调整渐变

3.2.4　文本应用

　　在网页中，千篇一律的豆腐块文本容易使人感到很乏味。对于徽标、特殊标题以及其他装饰性内容，常常将文本做成图形，可起到画龙点睛的作用，如图 3.35 所示。

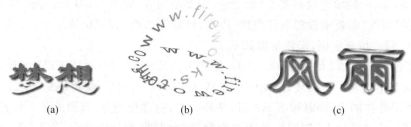

　　　(a)　　　　　　　　　(b)　　　　　　　　　(c)

图 3.35　特效字实例

1. 输入文本

　　单击"文本"工具，在"属性"面板中，设置文本的属性，如字体、字号、颜色、样式、字间

距、行间距、水平缩放、基线调整、文本的对齐方式、消除锯齿级别等。然后在画布上单击，输入文本，如图3.36所示。

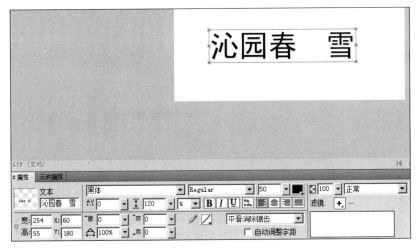

图3.36　设置文本属性

2. 设置效果

文本和普通的矢量对象一样，可进行笔触和填充的设置，在"属性"面板中，单击"笔触"或"填充"选择框，在弹出的调色板上选择颜色，在调色板中，单击"填充选项"或"笔触选项"按钮，可设置更为复杂的填充效果或笔触效果。

【例3.6】　字体的填充特效及滤镜的应用，如图3.35(a)中特效字"梦想"。操作步骤如下。

(1) 单击"文本"工具，在"属性"面板中，设置文本的大小为120，字体为隶书，"消除锯齿级别"下拉列表中选择"匀边消除锯齿"，选中"自动调整字距"复选框，单击"填充"选择框，在调色板中单击"填充选项"按钮，选择"渐变"→"线性渐变"选项，渐变由红色（♯FF0000）—红色—黄色（♯FFFF00）—黄色，中间红色与黄色非常接近，在文档窗口中输入文本，设置渐变调节杆呈垂直方向，如图3.37所示。

(2) 在"属性"面板中，选择"滤镜"选项→"阴影和光晕"→"投影"命令，设置参数值分别如下：距离为3，柔化值为4，不透明度为65％，偏移角度为315，操作完成。

3. 将文本附加到路径

为了使文本的排列更加灵活，Fireworks提供了文本附加到路径的功能。

【例3.7】　制作字体环绕路径的特效，如图3.35(b)所示特效字，操作步骤如下。

(1) 单击"文本"工具，在"属性"面板中，设置字体大小为40，字体为Arial，"填充"选项设置为"线性渐变"，渐变颜色由红色（♯FF0000）到黄色（♯FFFF00），在文档窗口输入文本，设置渐变调节杆方向为水平。

(2) 单击"椭圆"工具，绘制一个椭圆，选中文本和椭圆，选择"文本"菜单→"附加到路

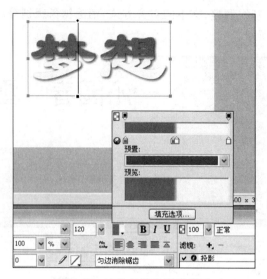

图 3.37   字体的填充特效设置

径"命令。

（3）克隆文本，填充颜色为深灰色（♯333333），单击"指针"工具，选中第一个文本，单击"倾斜"工具，使文本倾斜和旋转一个角度。再选中第二个文本，单击"倾斜"工具，使文本倾斜和旋转，移动文本的位置，操作完成。

注意：如果要分离路径与文本，选择"文本"菜单→"从路径分离"命令即可。

4. 将文本转换为路径

为了使文本的属性像矢量对象一样灵活多变，可将文本转换为路径。但此时文本不再具有文本的特性，不能作为文本加以编辑。

【**例 3.8**】   制作特效彩色镂空字，如图 3.35(c)所示实例第三个特效字。操作步骤如下。

（1）单击"文本"工具，在"属性"面板中，设置字体为隶书，字体大小为 150，填充颜色为黑色（♯000000），选中"自动调整字距"复选框，选择"匀边消除锯齿"，输入文本。

（2）选择"文本"菜单→"转换为路径"命令，将填充设为无，描边设为无。

（3）单击"部分选定"工具，选中整个已转换为路径的文本，选择"修改"菜单→"改变路径"选项→"扩展笔触"命令，设置笔触宽度为 5，在"属性"面板中设置填充为"线性渐变"，渐变预置选择为"光谱"。

（4）在"属性"面板中，选择"滤镜"选项→"阴影和光晕"→"投影"命令，设置参数值分别如下：距离为 3，柔化值为 4，不透明度为 65％，角度为 315，操作完成。

3.2.5   图层

一个 Fireworks 文档中可以包含多个层，一个层又可以包含许多对象。文档中的每一个对象都属于某个特定的层。用户可以创建层、复制层、删除层、激活层、共享层。还可对层或包含在层内的对象进行如下操作：显示/隐藏/锁定层或某个对象。直接单击"图层"面板下方的某个按钮，如图3.38(a)。或单击"层"面板右侧"选项"按钮 <img>，在弹出的下拉菜单中选择某项命令，如图3.38(b)所示。

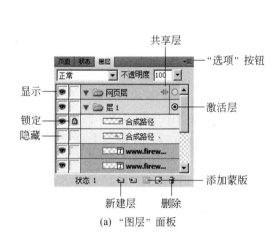

(a) "图层"面板   (b) "图层"面板"选项"的下拉菜单

图3.38 层

（1）创建层：单击"图层"面板右上方的"选项"按钮，从下拉菜单中选择"新建层"命令，或单击"图层"面板左下方的"新建层"按钮。

（2）激活层：直接单击层，或单击层中包含的对象，层以高亮显示。

（3）删除层：首先激活层，单击"层"面板下方的"删除"按钮，或单击"层"面板右上方的"选项"按钮，从下拉菜单中选择"删除层"命令。

（4）复制层：首先激活层，单击"层"面板的"选项"按钮，从下拉菜单中选择"重制层"命令。

（5）锁定层或层中对象：单击"图层"面板中对应层名称左侧的第二列方格，显示出一个锁的标记，当前层或对象即被锁定，不可再编辑，直到再次单击解除锁定。

（6）显示或隐藏层或层中对象：单击"图层"面板对应名称左侧的第一列方格，出现一个眼睛标记，表示可见，没有此标记表示不可见。

（7）在状态中共享层：这是Fireworks中非常重要的技术，设置共享层后，在层中对象将会在每个状态都显示。单击"图层"面板右上方的"选项"按钮，从下拉菜单中选择"在状态中共享层"命令。

3.2.6 蒙版

蒙版能够隐藏或显示图像的某些部分，实现各种特殊效果，如图3.39所示。

(a) 文本蒙版　　　　　(b) 矢量蒙版　　　　　(c) 位图蒙版

图 3.39　蒙版效果

1. 文本蒙版

文本蒙版其实就是将图像和文字组合在一起,使文字中包含图像的内容。

【例 3.9】　制作文本蒙版特效,如图 3.39(a)所示。操作步骤如下。

(1) 选择"文件"菜单→"打开"命令,打开一幅菊花位图,单击"文本"工具,输入文本,单击"指针"工具,调整文本对象位于位图图像的上方合适的位置。

(2) 按下 Shift 键,单击文本与位图图像,同时选中这两个对象,选择"修改"菜单→"蒙版"选项→"组合为蒙版"命令,操作完成。

2. 矢量蒙版

矢量蒙版分为"路径轮廓"和"灰度外观"两种类型。

"路径轮廓"将按照蒙版对象的路径区域来显示被遮盖的对象。而当选择"灰度外观"蒙版类型的,被蒙对象的清晰度就会受到路径的填充色和描边色的深浅影响。填充色和描边颜色都为灰度图。蒙版的颜色为白色,则蒙版下的图像能够清晰显示;蒙版的填充颜色为黑色,则蒙版下的图像则完全透明;蒙版的填充颜色为中间的灰色,则蒙版下的图像将以半透明状态显示。

【例 3.10】　制作矢量蒙版特效,如图 3.39(b)所示,此例中还巧用了历史记录,操作步骤如下。

(1) 打开一幅美女位图,单击"圆角矩形"工具,在文档窗口中绘制一个圆角矩形,尺寸为 60×60(像素),填充为白色,无笔触。

(2) 克隆圆角矩形,水平移动使两个矩形有 6 个像素间隔,打开"历史记录"面板,选中最后两个步骤:克隆和移动,单击"重放"按钮多次。

(3) 将多个矩形水平排列,并全部选中,选择"修改"菜单→"组合"命令,或按下组合键 Ctrl+G,克隆组合后的路径,向下移动 6 个像素,在"历史记录"面板选中最后两个步骤:克隆和移动,单击"重放"按钮,重复单击。最后选中全部矩形路径,按住组合键 Ctrl+G,组合所有的矢量路径。

(4) 选中矢量路径和位图图像,选择"修改"菜单→"蒙版"选项→"组合为蒙版"命令,在"属性"面板中设置蒙版类型为"路径轮廓",完成。

3. 位图蒙版

以蒙版对象中的像素来影响被蒙对象的可视区域,与 Photoshop 中的图层蒙版类似。

【例 3.11】　制作位图蒙版特效,如图 3.39(c)所示,操作步骤如下。

(1) 打开一幅风景位图,单击"图层"面板下方"添加蒙版"按钮▣。

(2) 单击"渐变"工具,在"属性"面板中,选择渐变类别为"放射渐变",颜色设置为白色(♯FFFFFF)渐变为黑色(♯000000),黑色将图像部分完全遮盖,白色为图像部分完全显示,渐变起始点在图像的中心向外辐射,实现图像中心清楚、外围渐隐的效果。

(3) 导入一幅考拉位图,单击"放大镜"工具,放大图像,单击"套索"工具,在"属性"面板中设置羽化值为10,沿着小考拉图像的边缘单击并拖动鼠标,选中可爱的小考拉,单击图层面板底部"添加蒙版"按钮▣,将选区转换为蒙版,两幅图像融合,制作完成。

任务 3.3　制作动画图像

网页中不仅包含大量的静态图像,而且越来越多的动画及动态图像效果也为网页增色不少,本节着重介绍利用 Fireworks 软件制作动画,如图 3.40 所示。

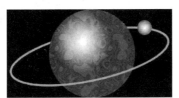

(a) 逐状态动画　　　　　(b) 星球轨道动画　　　　　(c) 元件动画

图 3.40　动画实例

3.3.1　逐状态动画

逐状态动画实际上就是图片以连续状态的顺序替换从而造成视觉上的变化。

【例 3.12】　制作如图 3.40(a)所示逐状态变化的荷花动画特效。操作步骤如下。

(1) 选择"文件"菜单→"打开"命令,弹出"打开"对话框,如图 3.41(a)所示。按住Shift 键,连续单击多个文件,或按 Ctrl 键选择多个不连续的文件,选中对话框下方的"以动画打开"复选框,单击"打开"按钮。

(2) 单击"窗口"菜单→"状态"命令,打开"状态"面板,每一幅图像都分散地放在各个状态中。选中多个状态,修改状态的停留时间,即"状态延迟"的值,单位是 7/100 秒,如图 3.41(b)所示,单击文档窗口状态栏中的"播放"按钮可预览动画的效果。

(3) 单击"窗口"菜单→"优化"命令,打开"优化"面板,选择文件格式为 GIF 动画,还可设置背景是否透明、颜色数量、色板等参数,如图 3.41(c)所示。

(4) 选择"文件"菜单→"导出"命令,设置文件储存路径和文件名,制作完成。

(b) 修改状态的停留时间

(a)"以动画打开"方式打开多个图像文件   (c)"优化"面板的设置

图 3.41 制作荷花实例

【例 3.13】 制作卫星环绕地球的动画特效如图 3.40(b)所示。操作步骤如下。

(1) 单击"椭圆"工具,在"属性"面板中设置填充颜色为"放射性"渐变,颜色由白色 (♯FFFFFF)到深蓝色(♯000066),渐变,纹理为"浮油",纹理总量为 30%,如图 3.42(a) 所示。按下 Shift 键,绘制一个正圆球体,如图 3.42(b)所示。

(2) 单击"椭圆"工具,在"属性"面板中,选择填充为"无",笔触为"铅笔"且有 1 像素 柔化,宽度为 3,颜色为灰色(♯999999),绘制一个椭圆轮廓,单击"倾斜"工具使椭圆形变 形,使其形状类似围绕星球的轨道,单击"刀子"工具,将椭圆轮廓分割成两部分,在"图层" 面板上,隐藏图层,将椭圆后半部分轮廓置于球体的后方,如图 3.42(c)所示。

(3) 单击"椭圆"工具,在"属性"面板中,选择填充颜色为放射性渐变,颜色由白色到 黑色渐变,绘制一个小椭圆,将小椭圆放在轨道上作为卫星。

(4) 打开"图层"面板,将星球、轨道放在一个层中,将此层设置为共享层,并命名为 "地球层"。新建一个层,将卫星拖入到此层中,并命名为"卫星层",此层在共享层的上方, 如图 3.42(d)所示。

(5) 打开"状态"面板,单击右侧的"选项"按钮,在弹出的下拉菜单中选择"重制状态" 命令,弹出"重制状态"对话框,数量选择为 8,"插入状态"选择"在当前状态之后",单击 "确定"按钮,即产生 9 个相同的状态,如图 3.42(e)所示。选中状态 2,沿轨道移动卫星一 段距离,再选中状态 3,再移动一段距离,以此类推设置其他状态卫星的所在位置。

(6) 导出为"gif 动画"格式。

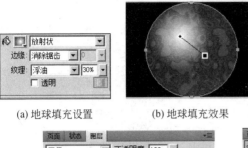
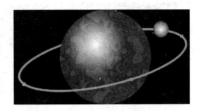

(a) 地球填充设置 　　　(b) 地球填充效果 　　　(c) 地球与轨道

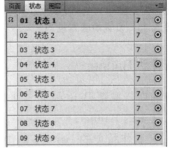

(d) 设置共享层 　　　　　　(e) 重制状态

图 3.42　制作地球实例

3.3.2　使用动画元件创建动画

在 Fireworks 中,为了提高动画制作效率,用户不必逐状态修改画布上的实例,而只需要设计动画变化的前后两状态,中间的过渡变化可以由 Fireworks 自动设置,此时可通过对元件的操作来实现。Fireworks 包括有 3 种元件类型,即图形、动画和按钮。

【例 3.14】　制作"大树底下好乘凉"的动画特效,如图 3.40(c)所示。操作步骤如下。

(1) 打开树.gif 文件,单击"文本"工具,在"属性"面板中,设置文本颜色为绿色,字体大小为 30 像素,字体为隶书,输入文本"大树底下好乘凉",单击"钢笔"工具,绘制半圆弧曲线,选中曲线与文本,选择"文本"菜单→"附加到路径"命令。

(2) 选中文本,在"属性"面板中,单击"滤镜"选项→"阴影和光晕"→"投影"命令,设置相应的参数。选择"文本"菜单→"转换为路径"命令,在"属性"面板中,设置笔触为白色,宽度为 2 像素。

(3) 选中文本,选择"修改"菜单→"元件"选项→"转换为元件"命令,选择元件类型为图形。选择"修改"菜单→"动画"选项→"选择动画"命令,弹出"动画"对话框,设置相关的参数,如图 3.43 所示。

(4) 对于设置好的动画还可以进行再编辑,用"指针"工具选中文档窗口中的动画实例,会出现几个节点,绿色是动画的起点,红色为动画的终点,可调节节点的方向和距离,如图 3.44 所示,或在属性面板中修改动画的相关参数。

图 3.43　设置动画属性

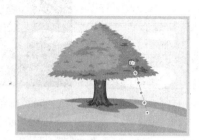

图 3.44　编辑动画

3.3.3　制作精品 Banner

在网页中的广告横幅 Banner 常常采用的 GIF 动画,利用 Fireworks 的动画制作功能完全能设计出精美的 Banner。

【例 3.15】　制作精美的 Banner 动画特效,如图 3.45 所示。利用矢量图、位图的操作技巧,结合动画的制作方法制作精美的 Banner 动画。操作步骤如下。

图 3.45　精美 Banner

(1) 新建一个文档,画布大小为 Banner 的标准大小 468×60(像素),画布颜色为白色,分辨率为 72 像素/英寸。

(2) 单击"矩形"工具,绘制一个矩形,填充颜色为橘红色(♯FF9900),单击"刀子"工具,将矩形块斜切一刀,单击"部分选取"工具,选中右侧的路径,填充为黄色(♯FFFF00)。

(3) 选择"文件"菜单→"导入"命令,导入"intel 标志. gif"文件,单击"缩放"工具,改变标志图像大小,移动到画布最右侧。

(4) 再导入"长城标志. gif"文件,单击"缩放"工具,改变标志图像大小,移动图像到黄色色块的位置,并添加发光滤镜效果,如图 3.46(a)所示。

(5) 单击"钢笔"工具,设置颜色为♯999900,笔尖大小设置为 5,1 像素柔化,绘制一条折线路径。

(6) 单击"放大镜"工具,放大图形,单击"部分选定"工具,选中黄色的四边形色块,单击"钢笔"工具,沿着上一步绘制折线路径来绘制路径,使黄色的四边形色块左侧路径呈折线。同理,选中橘红色四边形色块,单击"钢笔"工具,沿折线路径绘制路径,使橘红色的四边形色块右侧路径呈折线,两条折线与上一步绘制折线重合,如图 3.46(b)所示。

(7) 单击"椭圆"工具绘制一个椭圆,填充为黄色(♯FFFF00),单击"缩放"工具,旋转椭圆。选择"文件"菜单→"打开"命令,打开"电脑 01. jpg"文件,单击"修改"菜单→"画布"选项→"图像大小"命令,修改图像大小。用魔术棒工具,选择周围白色的色域,按下 Del 键删除白色区域,选择"选择"菜单→"反选"命令,羽化 2 像素,复制图形,回到 Banner 编辑状态,粘贴图形,添加"投影"滤镜效果。"电脑 02. jpg"处理方法同上。

(a) 切割矩形条，并导入intel和长城标识

(b) 绘制两个色块之间的折线

(c) 新建共享层

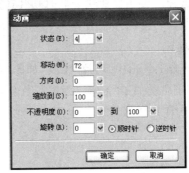

(d) 设置动画

图 3.46　制作 Banner 过程

（8）打开"图层"面板，单击"图层"面板右侧"选项"按钮，在下拉菜单中选择"新建层"命令，并设置此层为"在状态之间共享"，如图 3.46(c)所示。将橘红色和黄色多边形、折线、intel 和长城标志拖入到此层中。

（9）单击"文本"工具，输入文本"用网络改变我们的生活"，添加滤镜阴影效果。选中文本，选择"修改"菜单→"动画"选项→"选择动画"命令，在"动画"对话框中进行设置，状态数选择为 4 状态，其他设置如图 3.46(d)所示。打开"状态"面板，双击状态的停留时间，修改第 1 状态、第 2 状态、第 3 状态的停留时间为 20，最后一状态的停留时间为 100。

（10）重制一状态，此时为第 5 状态，单击"文本"工具，输入文本"拥有良机，把握商机"，为其添加滤镜阴影效果。选择"修改"菜单→"动画"选项→"选择动画"命令，打开"动画"对话框进行设置，设置与第(9)步相似。

（11）在"状态"面板中，分别单击第 1 状态、第 2 状态、第 3 状态、第 4 状态，计算机图像显示为第一幅图像，第 5 状态至第 8 状态，计算机图像显示为第二幅图像。

（12）单击文档窗口状态栏中的"播放"按钮，预览动画。

（13）选择"文件"菜单→"图像预览"命令，导出文件格式为 GIF 动画，调色板设置为精确，透明效果为不透明，设置存储路径和文件名，单击"导出"按钮。

任务 3.4　制作动态交互图像

在网页中，浏览者通常看到的图像有两种：初始状态的图像和鼠标经过状态的图像，比如按钮、导航条、弹出菜单、翻转图像等动态效果。本节主要介绍如何利用 Fireworks 制作动态交互图像。

3.4.1　切片和热点的应用

1. 使用切片

为了获取较高的下载速度,通常将网页中存在的较大图像切割成多个图片,即切片,在下载网页时对整幅图像的下载转变为对多幅小图片的下载,虽然图像大小没有改变,但图像的下载速度会明显加快。同时切片还是建立交互响应的基础,利用切片可以制作动态交互图像。切片的形状有矩形、多边形两种。以下以制作多边形切片为例进行讲解。操作步骤如下。

(1) 单击工具箱中"切片"工具,如图 3.47(a)所示,在文档窗口绘制多边形切片,"多边形切片"工具类似于"钢笔"工具,在图像上单击一下就会产生一个节点,最后返回到最初节点单击,封闭切片区域。创建的切片多边形区域被半透明的绿色所覆盖,如图 3.47(b)所示。

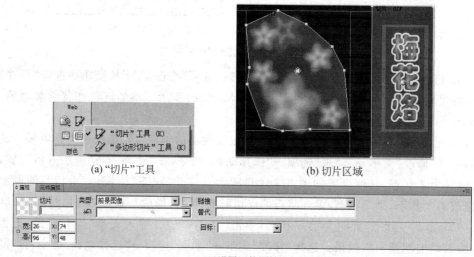

(a) "切片"工具　　　　　　　(b) 切片区域

(c) 设置切片属性

图 3.47　切片的使用

(2) 单击"指针"工具,单击切片区域,可对切片进行编辑,移动切片位置,单击切片的控制点可改变切片的大小。

(3) 在"属性"面板中可为切片添加链接地址,如图 3.47(c)所示。

(4) 切片创建完毕,还需要经过导出才可以在网页中使用。打开"优化"面板,选中每个切片,设置切片的属性,然后选择"文件"菜单→"导出"命令,弹出"导出"对话框,输入文件名,导出的格式选择为"HTML 和图像",选中"将图像放入子文件夹"复选框,如图 3.48所示,整幅图像即以排版好的网页形式导出。

图 3.48 导出切片

2. 使用热点

热点通常用来建立图像映射,所谓图像映射,就是在一幅图像中创建多个链接区域,通过单击不同的链接区域,可以跳转到不同的 URL 地址。热点的形状有矩形、椭圆形、多边形三种。操作步骤如下。

(1) 单击"热点"工具,绘制矩形热点区域(或椭圆形、多边形区域)。如图 3.49(a)所示,创建的热点区域被半透明的蓝色所覆盖,如图 3.49(b)所示。

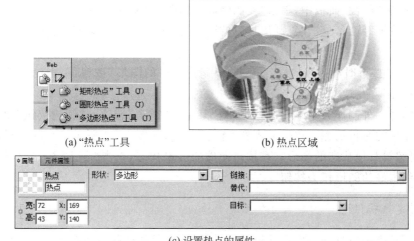

(a) "热点"工具   (b) 热点区域

(c) 设置热点的属性

图 3.49 热点的使用

（2）单击"指针"工具，单击热点区域，可对热点进行编辑，移动热点位置，单击热点的控制点可改变热点的形状。在"属性"面板中，可为热点添加链接地址，如图 3.49(c)所示。

3.4.2　创建按钮、导航栏及弹出式菜单

为了使网页更加生动、美观，常常在网页中添加按钮、导航栏及弹出菜单，例如，当鼠标经过按钮时，按钮图像会改变颜色、形状，甚至发出声音吸引访客的点击。

1. 创建按钮

Fireworks 中的按钮，是元件中的一种，利用按钮元件不但可以做出样式新颖的按钮，而且可直接为按钮加上切片区域和热点区域，设置交互功能和网页上的超链接功能。

【例 3.16】　制作动态按钮。操作步骤如下。

（1）新建一个文档，画布大小为 1000×210（像素），背景颜色为白色。单击"圆角矩形"工具，在"属性"面板中，设置填充为"线性渐变"，渐变颜色由灰色（♯CCCCCC）—白色（♯FFFFFF）—灰色（♯CCCCCC），绘制一个圆角矩形，添加"内斜角"和"投影"滤镜效果。

（2）单击"文本"工具，在"属性"面板中，设置填充颜色为深蓝色（♯000066），字体为"黑体"，输入文本"返回首页"。

（3）选中文本和圆角矩形，选择"窗口"菜单→"对齐"命令，打开"对齐"面板，单击"水平居中"和"垂直居中"按钮。选择"修改"菜单→"元件"选项→"转换为元件"命令，或按快捷键 F8，弹出"转换为元件"对话框，元件类型选择为"按钮"，单击"确定"按钮。此时图形上方有一半透明的绿色矩形区域，即为切片区域。选中此区域，在"属性"面板中可输入链接地址。

（4）双击画布中按钮（画布中的元件被称为"实例"），进入到按钮元件的编辑状态。"按钮"元件有 4 种状态："弹起"、"滑过"、"按下"和"按下时滑过"，打开"状态"面板，单击"滑过"状态，在"属性"面板中，单击"复制弹起时的图形"按钮，选中圆角矩形，修改渐变的颜色；单击"按下"状态，单击"复制滑过时的图形"按钮，选中圆角矩形，选择"凸起浮雕"滤镜效果。

（5）单击"按下时滑过"选项卡，单击"复制按下时的图形"按钮，单击"完成"按钮，返回文档窗口。

按钮的另一种制作方法是：选择"编辑"菜单→"插入"选项→"新建按钮"命令，直接进入按钮元件的编辑状态。首先进入到"弹起"状态，如图 3.50 所示。绘制图形，输入文本，然后再编辑其他状态的图形。在按钮元件的编辑状态，单击"导入"按钮，也可导入在其他软件编辑好的图形作为按钮。

2. 创建导航栏

导航栏是指一组分别指向不同链接地址的按钮，通常这些按钮在外观上保持一致，可通过复制按钮的方法快速制作导航栏，然后选择各个按钮设置不同的文本、超级链接等，

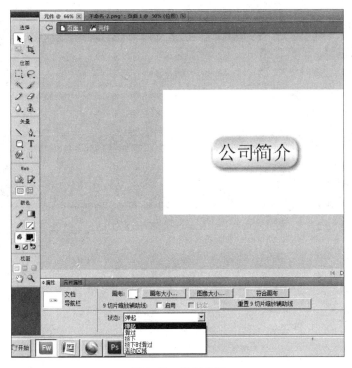

图 3.50　编辑按钮

一个导航栏的实例如图 3.51 所示。

图 3.51　导航栏实例

【例 3.17】　在例 3.16 的基础上,继续制作导航栏,如图 3.51 所示。操作步骤如下。

(1) 平面设计网页效果图。单击"矩形"工具,填充颜色为淡紫色(♯FFCCFF),绘制矩形,矩形覆盖了整个画布,在画布上方,绘制一个矩形条,填充颜色为紫色(♯990099),在画布下方绘制一个矩形条,填充为"线性渐变",颜色由粉紫色(♯FF00FF)—白色(♯FFFFFF)—粉紫色(♯FF00FF)。

(2) 导入时尚包.jpg 和女鞋.jpg 文件,单击"魔术棒"工具,分别选中这两幅图的白色区域,按 Del 键将其删除。两幅图均设置"发光"滤镜效果,均设置颜色为白色,宽度为 5。再导入 rose.jpg 文件,单击"缩放"工具缩小图形,将图像移动到最右侧位置。

(3) 单击"文本"工具,分别输入三段文本:"WELCOME TO BELLE";"百丽";"心动不会比行动更有魅力"。添加滤镜效果,将文本排版到合适的位置,效果如图 3.52(a)所示。

(a) 平面设计

(b) 克隆按钮

(c) 为按钮添加链接、修改文本及对齐排列

图 3.52　制作导航栏

（4）打开"库"面板，将例 3.16 制作好的按钮元件，拖入到画布中，单击"编辑"菜单→"克隆"命令，克隆 6 个按钮实例，如图 3.52(b)所示。

（5）选中按钮实例，在"属性"面板中修改文本和输入链接地址。把所有的按钮实例选中，选择"窗口"菜单→"对齐"命令，打开"对齐"面板，单击顶端对齐和水平距离相同（间距 50），如图 3.52(c)所示。最终制作效果如图 3.51 所示。

3. 创建弹出菜单

弹出菜单主要应用于导航栏中栏目存在子栏目的情况。当鼠标指向导航栏中某个按钮或热区时，会出现相应的弹出菜单，显示子栏目的内容，在弹出菜单中，单击相应的子栏目，即可直接链接到子栏目所在的页面。

【**例 3.18**】　在例 3.17 导航栏实例的基础上，继续制作弹出菜单。操作步骤如下。

（1）单击"显示切片和热点"工具▥（区别于"隐藏切片和热点"工具▣），单击某个按钮实例，例如单击"产品介绍"按钮，单击按钮上的行为柄，在弹出的下拉菜单中，选择"添加弹出菜单"命令，如图 3.53 所示，弹出"弹出菜单编辑器"对话框，这里包含了 4 个选项卡：内容、外观、高级和位置。

（2）在"内容"选项卡中，输入文本、链接地址，并选择链接目标，单击"＋"号或"－"号，添加或删除菜单项目。单击"缩进"按钮▤，是在当前菜单项目下创建子菜单，单击"左缩进"按钮▤，是将下级菜单恢复为同级菜单，如图 3.54 所示。"文本"即在网页中显示

添加交换图像行为（I）…
添加状态栏信息（B）…
添加弹出菜单（P）…
编辑弹出菜单
删除所有行为（D）
退出全屏模式

图 3.53　添加弹出菜单

图 3.54 "内容"选项卡

菜单名称,输入完毕后,单击"外观"选项卡或单击"继续"按钮进入到"外观"选项卡。

(3) 在"外观"选项卡中,设置弹出菜单的显示方式,如图 3.55 所示。其中,"单元格"可以 HTML 或图像形式显式,单元格对齐方式包括"水平菜单"和"垂直菜单"。在该选项卡中还可设置文本字体、字体大小、字体样式、文本对齐方式;设置菜单项弹起状态和滑过状态,包括文本颜色、单元格颜色等。完成设置后,单击"高级"选项卡或单击"继续"按钮,进入"高级"选项卡。

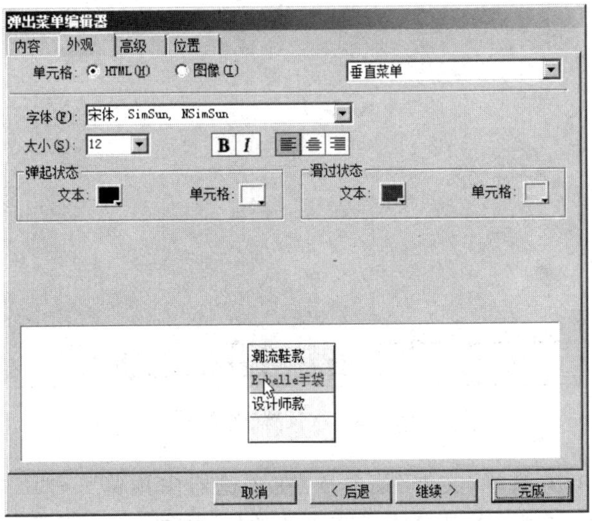

图 3.55 "外观"选项卡

(4) 在"高级"选项卡中,设置弹出菜单外观风格,包括表格的属性,如边框的宽度、颜色及菜单内容与边框的距离等,如图 3.56 所示,单击"位置"选项卡或单击"继续"按钮,进

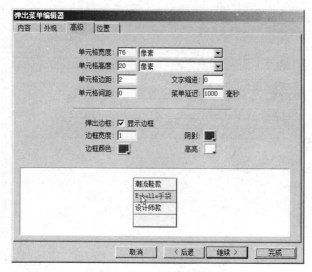

图 3.56 "高级"选项卡

入到"位置"选项卡。

（5）在"位置"选项卡中，设置弹出菜单弹出的位置，如图 3.57 所示，单击"完成"按钮，回到文档窗口，弹出菜单位置的可在文档窗口中设置，方法是拖动弹出菜单线框并将其移动到合适的位置即可。

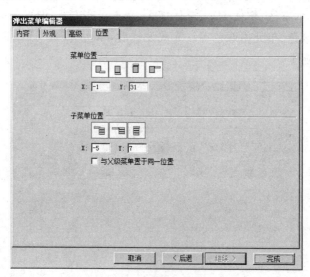

图 3.57 "位置"选项卡

（6）在文档窗口中，选择"文件"菜单→"在浏览器中预览"→"IE 浏览器"命令（或直接单击快捷键 F12），在浏览器预览弹出菜单的效果，如图 3.58 所示。

如果需修改弹出菜单，则选择"修改"菜单→"弹出菜单"选项→"编辑弹出菜单"命令，或单击导航按钮热区区域的行为柄，在弹出菜单中选择"编辑弹出菜单"命令。

图3.58 浏览弹出菜单

3.4.3 制作交换图像

为了使网页丰富多彩,网页设计者采用各种手段来增强网页本身动态效果和人机交互的特性,翻转图像是最常用的一种手段。所谓"翻转图像",是指当用户浏览网页时,将光标移动到图像上,该图像产生变化。这里主要讲两种翻转效果:"简单翻转图像"和"不相交翻转图像"。

【例3.19】 制作简单翻转图像,如图3.59所示。操作步骤如下。

(a) 原始状态图像　　　　　　　　(b) 鼠标经过图像

图3.59 制作简单翻转图像

(1) 单击"文件"菜单→"导入"命令,导入两幅图像(风景图1.jpg,风景图2.jpg),单击"指针"工具,将两幅图像的大小调整为相同尺寸,并且位置重叠。

(2) 制作一个带阴影的白色矩形块。单击"矩形"工具,绘制一个矩形,矩形比图略大一些,填充颜色为白色(♯FFFFFF),再克隆一个矩形,选中下面的矩形,填充颜色为灰色(♯CCCCCC),羽化值为5,利用"扭曲"工具,产生阴影效果。

(3) 单击"图层"面板右侧"选项"按钮,在弹出的下拉菜单中选择"新建层"命令,弹出"新建层"对话框,选择"在状态之间共享"复选框,将两个矩形对象拖放到该层中。再在"图层"面板中,拖动新建层,将其置于原来层之下。

(4) 打开"状态"面板,单击"状态"面板右侧"选项"按钮,在弹出的下拉菜单中选择"重制状态"命令,在弹出的"重制状态"对话框中,选择状态数量为1。目前共有两种状态,单击第1状态,在"图层"面板中单击第二幅风景位图中的第1个方框,隐藏对象。单击第2状态,在"图层"面板中单击第1幅图像中的第1个方框,同样隐藏对象。再单击第1状态,返回到第1状态,如图3.60(a)所示。

(5)单击"切片"工具,绘制矩形切片区域,切片区域覆盖了图像,单击切片,再单击行为柄,在弹出菜单中选择"添加简单变换图像行为"命令,如图3.60(b)所示。打开"行为"面板,查看行为,如图3.60(c)所示。单击文档窗口左上方的"预览"选项卡,预览图像效果,鼠标经过前后的图像分别如图3.60(a)和图3.60(b)所示。

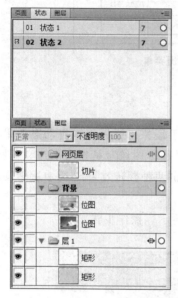

(a)层、状态面板

(b)添加简单变换图像行为

(c)"行为"面板

图 3.60　隐藏图片和制作切片

【例3.20】　制作不相交翻转图像。当鼠标经过某个图像时,改变了在页面中另一个区域的显示内容。操作步骤如下。

(1)依次导入三幅图像:花卉1.jpg、花卉2.jpg和花卉3.jpg,单击"指针"工具,调整三幅图像至尺寸大小相同、位置重叠,将图像统一放置在右侧,单击"矩形"工具,在属性面板中设置填充为无,笔触为红色,宽度为1,绘制矩形框,矩形框与三幅图像在同一位置。分别克隆三幅花卉图像,选择"修改"菜单→"变形"→"数值变形"命令,缩放至50%,将缩小后的图像置于画布的左侧,同时选中三幅小图像选择"窗口"菜单→"对齐"命令,单击"左对齐"和"垂直中间分布"按钮,如图3.61(a)所示。

(2)打开"状态"面板,重制3个状态分别单击第1状态到第4状态,在"图层"面板中设置对象的显示或隐藏,状态1只显示红色矩形框,隐藏2幅花卉图像,状态2右侧图像只显示向阳花,状态3右侧图像只显示蒲公英,状态4右侧图像只显示为莲花。

(3)单击"切片"工具,按照小图像的大小分别绘制矩形切片,在右侧位置绘制一个大的矩形切片。

(4)单击第1个小图像处的矩形切片,单击行为柄,选择弹出菜单中"添加交换图像行为"命令,弹出"交换图像"对话框,选择交换图像切片为右侧切片,状态编号为"状态2",选中"预先载入图像"和"鼠标移开时复原图像"复选框,单击"确定"按钮,如图3.61(b)所示。

分隔的翻转图像效果

(a) 布局画布

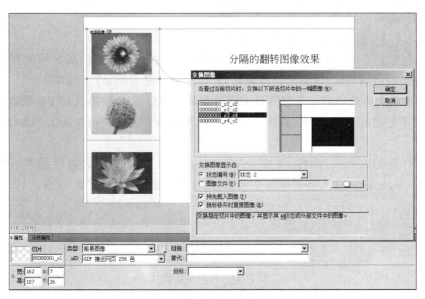

(b) 变换图像的设置

图 3.61 制作不相交翻转图像

(5) 同理设置第 2 个、第 3 个小图像处的矩形切片,方法同步骤(4),状态编号分别为状态 3、状态 4。完成操作,检查制作效果。

任务 3.5 设计网站首页

一般而言,首页设计几乎等同于整个网站设计,因此网站首页设计非常重要。首页设计要考虑的问题涉及配色方案的确定、版面布局、网站内容的填充等。

要制作首页,首先要对主页有一个版面布局规划,这样才能合理安排网页的内容,如图 3.62 所示。

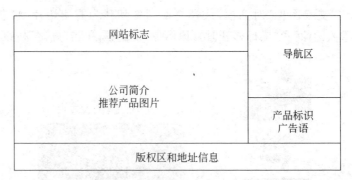

图 3.62　规划首页布局

　　作为设计者来说，一般采用 Fireworks 或 Photoshop 之类的工具软件来绘制网页版面布局图，然后将其导出到网页编辑软件，如 Dreamweaver 中进行编辑，这种方法可以使页面控制更加得心应手。

　　【例 3.21】　利用 Fireworks 设计某企业网站首页。操作步骤如下。

　　(1) 配色方案的确定。该企业性质为医疗器械，根据企业性质确定网站首页配色方案为绿色与白色的搭配，辅助配以橘黄色，整体的感觉是自然、清新、洁净。

　　(2) 页面大小的确定。考虑到目前浏览器的主流分辨率为 1024×768(像素)，因此网页的宽度不宜超过 1007 像素，否则会出现横向滚动条。这里确定页面大小为 1000×615 (像素)。

　　(3) 打开 Fireworks 软件，新建一个文档，画布大小为 1000×615(像素)，导入公司 logo 标志(logo.gif)，输入公司中英文名称，用线条稍加修饰，如图 3.63 所示。

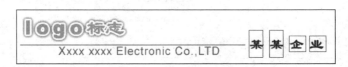

图 3.63　网页标志设计

　　(4) 绘制网页装饰部分。通过绘制绿色的带有弧度色块和弧线以增加网页的美观和可欣赏性。单击"矩形"工具，在"属性"面板中，设置填充颜色为深绿色(♯008B00)在网页最下方绘制矩形作为版权区，单击"部分选取"工具，单击右侧上方的节点，按下 Alt 键并拖动鼠标，此时矩形上方的直线变为曲线，再拖动调节杆，调节曲线的曲率，单击"文本"工具，输入公司版权信息。

　　(5) 制作首页主体内容部分，单击"文本"工具，输入公司简介的内容。再选择"文件"菜单→"导入"命令，导入产品三幅图像(pro01.jpg、pro02.jpg、pro03.jpg)。

　　(6) 制作右下角的广告语和产品标志区域。选择"文件"菜单→"导入"命令，导入产品标志图片(haodaifu.gif)，单击"文本"工具，在"属性"面板中，设置文本填充颜色为红色，输入文本"诚实守信　团结奋进"，单击"钢笔"工具绘制一条半圆弧的曲线，同时选中文本和曲线，选择"文本"菜单→"附加到路径"命令，再选中文本，选择"文本"菜单→"转换为路径"命令，设置文本笔触为白色，宽度为 2，并添加投影滤镜效果。

（7）制作导航栏。单击"钢笔"工具，绘制一条贝赛尔曲线，设置笔触颜色为深绿色（♯008B00）。选择"编辑"菜单→"插入"→"新建按钮"命令，进入按钮元件编辑状态，单击"椭圆"工具，在"属性"面板中，设置填充颜色为放射渐变，颜色由白色（♯FFFFFF）—绿色（♯00CC00）渐变，绘制圆形。单击"文本"工具，在"属性"面板中，设置文本大小为14像素，宋体，笔触为黄色（♯FFFF00），输入文本"公司简介"，然后再分别编辑滑过、按下、按下时滑过三种状态，分别设置文本对象为不同的滤镜效果。单击"完成"按钮返回到文档窗口。

（8）打开"库"面板，将按钮元件拖入到文档中，克隆7个按钮实例，分别选中按钮实例，在"属性"面板中，修改按钮实例的文本，如产品总汇、新闻荟萃等，单击"指针"工具，调整按钮沿曲线排列的位置。

（9）单击"切片"工具，切割图像，打开"优化"面板，对每一个切片图像进行属性设置，最后选择"文件"菜单→"导出"命令，导出网页，浏览网页，如图3.64所示。

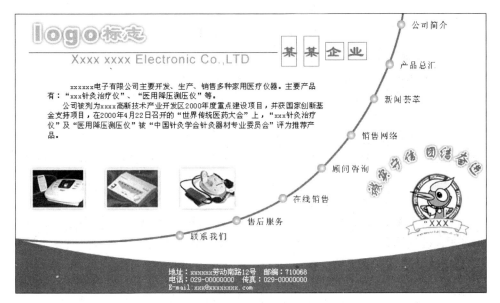

图3.64　首页平面设计

单 元 小 结

本单元主要介绍了利用Fireworks设计网页的方法和技巧，包括：

（1）色彩的基本知识及图形图像的基本概念；

（2）创建静态图形图像；

（3）动态图像的制作方法；

（4）动态交互图像效果的制作方法；

（5）在Fireworks中设计整幅主页页面。

练 习 题

1. 选择题

(1) Fireworks 具有以下(　　)的功能。

  A. 绘制矢量图 B. 制作导航栏 C. 制作 Gif 动画 D. 制作按钮

(2) 在 Fireworks 中,要将鼠标拖动到起始点作为圆心画正圆,正确的操作是(　　)。

  A. 在拖动鼠标的同时按下 Shift 键

  B. 在拖动鼠标的同时按下组合键 Shift+Ctrl

  C. 在拖动鼠标的同时按下 Alt 键

  D. 在拖动鼠标的同时按下组合键 Shift+Alt

(3) Fireworks 图像文件的默认格式是(　　)。

  A. JPG   B. PNG   C. GIF   D. BMP

(4) 如果滤镜应用在矢量图像上,则(　　)。

  A. 无法进行

  B. 可以直接使用

  C. 先要把矢量图像转换为位图对象,然后再进行

  D. 矢量对象的路径和点信息不受影响

(5) 要制作背景透明的卡通图片,则在图像优化输出时,最好要选用(　　)格式。

  A. PNG   B. GIF   C. JPEG   D. PSD

(6) 在 Fireworks 动画制中将一个对象转化为元件之后还可编辑(　　)属性。

  A. 设置笔触   B. 设置透明度

  C. 设置填充与渐变   D. 应用滤镜

(7) 下面对切片说法正确的是(　　)。

  A. 切片技术的应用不能改变图像的下载时间

  B. 在导出的时候,只能对切片对象生成图像文件

  C. 能对切片对象进行自动命名

  D. 不能在切片对象上添加弹出菜单

2. 简答题

(1) 简述位图和矢量图的区别。

(2) 对待文本可以像对待矢量对象一样处理吗?

(3) 将大图分隔成小图有什么优点? 如何使用切片工具?

(4) 导出 Fireworks 动画时。必需的设置是什么?

(5) 在 Fireworks 中,一共有几种类型的元件? 它们分别是什么?

(6) 按钮的 4 种状态分别是什么?

上 机 实 训

1. 实训要求

(1)处理一幅位图效果。要求：风景、汽车、人物有机地融合在一起，如图3.65所示。

图3.65 实训：位图效果图

(2)制作苹果标志矢量图形。要求：利用矢量工具绘制苹果标志，如图3.66所示。

(3)制作树叶落下的动画特效。要求：利用元件设置动画，重复使用元件，产生多片树叶从树上落下来，如图3.67所示。

图3.66 实训：制作矢量图形

图3.67 实训：制作动画

(4)制作风景相册的翻转图像效果。要求：

① 利用Fireworks自带行为，制作分隔的翻转图像。

② 利用切片工具，切割图片。

③ 最后导出为网页和图像，如图3.68所示。

(5)制作按钮和导航栏。要求：

① 绘制一个矢量图形，并添加文本，转换为按钮元件。

② 按钮克隆后，水平或垂直排列，添加不同的链接路径和修改文本显示，即为导航栏，如图3.69所示。

图 3.68 实训：制作翻转图像

图 3.69 导航栏及弹出菜单

（6）制作弹出菜单。要求：利用 Fireworks 的自带行为，在导航栏的基础上，创建弹出菜单。

（7）设计 Web 页面。要求：

① 布局页面，规划网页内容。

② 绘制页面分区，填充网页内容，切割图片，导出网页，如图 3.70 所示。

2. 背景知识

根据本单元所学的色彩配色的知识，再结合本章所学的利用 Fireworks 制作静态图像及动态图像的技术，独立设计网页平面图。

3. 实训准备工作

将实训的样图及相应的图像及文本素材发送到学生主机，供学生参考使用。

4. 课时安排

上机实训安排 8 课时，每两项实训要求共为 2 课时，最后第 7 项实训要求单独为 2 课时。

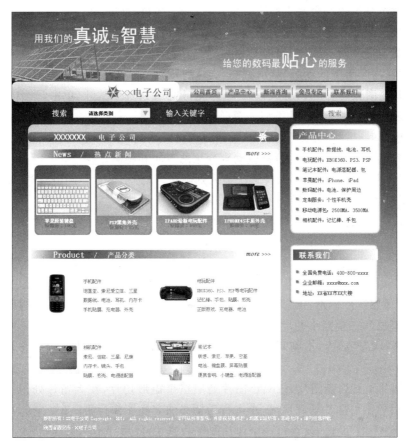

图 3.70 网站首页的设计

5. 实训指导

(1) 处理如图 3.65 所示位图效果。

① 打开汽车图像(car.jpg),用"多边形套索"工具把汽车抠出来,然后复制到风光图像(风光.jpg)中,使用发光滤镜(颜色为白色)。

② 打开明星图像(meinv.jpg),添加位图蒙版,单击"套索"工具,沿人物图像的边缘绘制,最后闭合,反选,然后单击"油漆桶"工具,用黑色填充周围区域,将人像图像复制到风光图像中,克隆人物图像,然后选中此图像,在"属性"面板中将混合模式改为屏幕,不透明度改为 60,将另一人像图像缩小至 50%,操作完成。

(2) 制作苹果标志矢量图形,如图 3.66 所示。

① 画一个正圆,上节点向下拉 5 个像素,左、右节点向外拉 5 个像素,使苹果看上去较为丰满,然后在图形的上、下方用一个小椭圆打孔,将上、下节点的调节杆调节为一个水平节线。

② 右侧用一个小椭圆打孔,使大苹果像被咬了一口。

③ 画两个圆,取两个圆的交集作为苹果柄。

④ 为整个苹果制作内发光滤镜效果,颜色设为绿色,高度为 3。

⑤ 苹果上侧和苹果柄上侧的泛白效果是先采用两个圆的交集制作出月牙,然后填充为白色,设置羽化值为 3 即可,整个矢量图形制作完成。

(3) 制作树叶落下的动画特效,如图 3.67 所示。

① 打开树图像(树.gif),导入落叶图像(落叶.png),选中落叶,单击"修改"菜单→"元件"→"转换为元件"命令,元件类型为图形。

② 选中落叶,选择"修改"菜单→"动画"→"设置动画"命令,进行相关参数的设置,单击"确定"按钮,返回文档窗口,可修改动画变化的方向和距离。

③ 打开"库"面板,将图形元件多次拖入到画布,并分别设置动画,操作完成。

(4) 制作风景相册的翻转图像效果,如图 3.68 所示。

① 新建一个文档,导入三幅九寨沟风景图(翻转图像 1.jpg、翻转图像 2.jpg、翻转图像 3.jpg)。

② 修改三幅风景图像至尺寸大小一致、位置相同,在图下方绘制一个矩形,填充为灰色,克隆一个矩形,填充为白色,另一灰色矩形做羽化处理,用"扭曲"工具使之变形,使得矩形框有立体感。然后把三幅风景图缩小到 30%,并移到画布的最上方排列整齐,新建"状态中共享层",三幅缩小的风景图像,有立体感的矩形框均在此层中。

③ 打开"状态"面板,重制两个状态,通过显示和隐藏图像对象的方法,显示为不同的风景图。

④ 用切片工具切割图片,三幅小图片处用三个矩形切片,在大图片处用一个矩形切片覆盖,然后单击小图片切片区域,单击行为柄添加交换图像行为。

⑤ 打开"优化"面板,设置每一个切片图像的属性,最后导出网页和图像。

(5) 制作按钮和导航栏,如图 3.69 所示。

① 新建一个文档,画布大小为 1000×400(像素),导入位图修饰页面,输入企业的广告用语,再绘制两个较窄的矩形条,添加滤镜效果,在矩形条上绘制企业的 logo。

② 在另一个矩形条上方绘制一个矩形块,填充渐变色,输入文本"公司首页"。将文本和矩形框选中,按快捷键 F8,将文本转换为按钮元件,双击矩形块,进入按钮编辑状态,对按钮的 4 个状态进行编辑,返回页面,添加链接路径。

③ 克隆按钮实例,分别在"属性"面板修改文本和链接路径,然后水平排列整齐。

(6) 制作弹出菜单。

在上一个实训的基础上继续本实训的弹出菜单的制作。

单击导航栏元件,单击行为柄,在弹出菜单中选择"添加弹出菜单"命令,进入到弹出菜单的编辑对话框,可使用"内容"选项卡、"外观"选项卡、"高级"选项卡、"位置"选项卡对弹出菜单进行编辑。

(7) 设计 Web 页面,如图 3.70 所示。

① 在上一个实训的基础上继续本实训的 Web 页面的制作。画布大小更改为 1000×1100(像素)。

② 整个网页的上半部分已经设计好,只需对下半部分进行设计。将网页下半部分规划为六大块,分别是"搜索"、"热点新闻"、"产品分类"、"产品中心"、"联系我们"、"版权信

息"板块,用图片、线框、色块装饰。

③ 用切片工具切割图片,最后导出为网页,效果如图3.70所示。

评价内容与标准

评价项目	评价内容	评价标准
位图图像的处理	位图效果处理正确	（1）正确创建 Fireworks 文档及导出图像 （2）熟练使用工具箱中的工具 （3）正确使用层和蒙版 （4）正确使用切片和热点 （5）灵活创建动画效果 （6）掌握创建按钮、导航条及弹出菜单的方法 （7）构思新颖、设计精美
绘制和编辑矢量图对象	（1）使用绘图工具绘制矢量对象 （2）正确编辑矢量对象 （3）填充与笔触设置正确	
蒙版的使用	正确使用蒙版制作特效	
动画的制作	（1）正确制作动画 （2）正确导出动画效果图	
按钮、导航条、弹出菜单	（1）正确编辑按钮 （2）创建导航栏正确 （3）创建弹出菜单正确	
设计网站平面图	正确合理设计网站平面图	

评 分 等 级

优	能高效、高质量完成各项能力的实训,并能独立解决遇到的特殊问题
良	能圆满完成各项能力的实训,偶有个别问题需要老师指导
中	能完成各项能力的实训,但有些问题需要同学和老师的指导
差	不能很好地完成各项能力的实训

成绩评定及学生总结

教师评语及改进意见	学生对实训的总结与意见

单元 4

利用 Flash 设计网页动画特效

Flash 是当前最流行的交互式矢量制作软件,用它制作出来的 Flash 动画具有极丰富的表现力,Flash 可以制作导航按钮、具有声音效果的动画、MTV 及整个 Flash 站点。例如知名公司可口可乐的网站如图 4.1 所示。

图 4.1　可口可乐网站(Flash 动画版)

本单元通过对多个 Flash 实例由浅入深的讲解,重点介绍了矢量图设计、特效文本处理、添加声音及 ActionScript 的初步应用。

【单元学习目标】

* 了解 Flash 的工作界面和基本操作;
* 掌握 Flash 中的绘图技巧、位图操作与文本的处理;
* 掌握 Flash 中场景、元件与实例操作、图层的管理;
* 了解 Flash 动画的类型;
* 掌握如何创建动画,实现动画的交互控制;
* 学会 Flash 作品的设计与制作。

任务 4.1　实例导入：制作 Flash MTV

【例 4.1】　利用 Flash 技术制作图文声并茂的 Flash MTV,如图 4.2 所示。

图 4.2　Flash MTV

本实例主要涉及以下知识点:

- 进行画面布局;
- 制作补间动画;
- 制作按钮;
- 载入其他的 SWF 文件;
- 添加 ActionScript 脚本语言创建交互界面;
- 集成 Flash 影片。

任务 4.2　了解 Flash

4.2.1　Flash 的工作界面

1. "启动"界面

在启动 Flash CS5 时,出现"启动"界面,在"启动"界面用户可以快速完成最常用的操作,如图 4.3 所示。

2. 操作界面

Flash 的操作界面主要由菜单栏、工具箱、时间轴、舞台、"属性"面板、工作面板组等构成,如图 4.4 所示。

图 4.3   Flash 的启动界面

图 4.4   Flash 的操作界面

（1）菜单栏

与其他软件相同，Flash的菜单栏位于界面的上方，包含了Flash中所有的菜单命令。

（2）时间轴

用于组织动画不同层和不同帧的面板，水平的时间轴代表动画的不同阶段，连续播放就产生了动画。时间轴的主要部件是帧、层、播放磁头、状态栏和标尺，如图4.5所示。

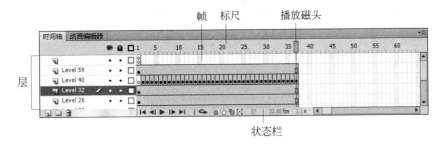

图4.5 时间轴

（3）工具箱

工具箱中放置了可供编辑图形和文本的各种工具，利用这些工具，用户可以方便地进行绘图、修改、移动、缩放及编排文本等操作。工具箱由以下四部分组成。

- "工具"区域包含绘图、上色和选择工具。
- "查看"区域包含在应用程序窗口内进行缩放和移动的工具。
- "颜色"区域包含用于笔触颜色和填充颜色的功能键。
- "选项"区域显示用于当前所选工具的功能键。功能键影响工具的上色或编辑操作。

（4）舞台和工作区

舞台类似于其他软件中的画布，用户可定义动画的尺寸和舞台的背景颜色。舞台以外的灰色区域就是工作区，类似于剧院的后台，它可以放置对象，但只有舞台上的内容才能在最终的动画中显示，工作区的对象是不能显示的。

（5）工作面板组

工作面板组包括了很多面板，既可以集成，也可以浮动在界面的任意位置。

（6）"属性"面板

"属性"面板又称为属性检查器，显示当前选定对象的属性。

4.2.2 Flash的基本操作

对于Flash文档编辑和操作主要有以下几个方面。

1. 新建文档

方法一 选择"文件"菜单→"新建"命令，或按下组合键Ctrl＋N，弹出一个对话框，单击"常规"选项卡或是"模板"选项卡，选择其中一项后，单击"确定"按钮，即创建一个文件,如图 4.6 所示,在对话框右侧设置文档的属性,如宽度和高度的尺寸,默认为 550×400(像素),帧频(默认为 24fps),设置背景颜色等。

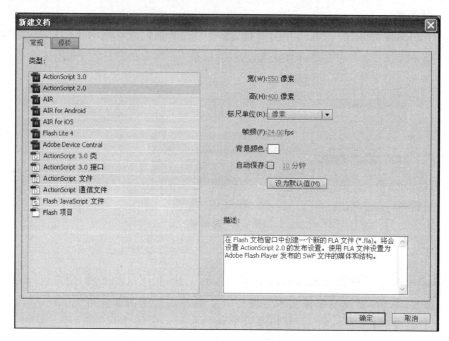

图 4.6　"新建文档"对话框

方法二　单击"启动"界面中"新建"选项组中的某一类型,或是"从模板创建"选项组中的某一项,如图 4.6 所示,例如选择"新建"选项→"ActionScript 2.0"选项,即创建了一个新的 Flash 文档。

注意:本教材以介绍 ActionScript 2.0 为主,因此新建文档时,可选择 ActionScript 2.0。

2. 打开文档

选择"文件"菜单→"打开"命令,或使用组合键 Ctrl+O,或单击启动界面中"打开最近项目"中的某个文档或单击"打开"图标,如图 4.6 所示。

3. 保存文档

选择"文件"菜单→"保存"命令,或使用组合键 Ctrl+S。文档在编辑过程中要及时保存,Flash 文档的扩展名为.fla。

4. 发布影片

制作好的 Flash 动画最终要发布出来或者嵌入到网页中。Flash 软件支持多种能够在网页中播放的文件格式。

发布和测试 Flash 文档时,常用的方法有以下两种。

方法一　选择"文件"菜单→"导出"选项→"导出影片"命令,出现"导出影片"对话框,选择存储路径,在"保存类型"下拉列表中选择文件格式,命名文件,最后单击"保存"按钮,如图 4.7 所示。

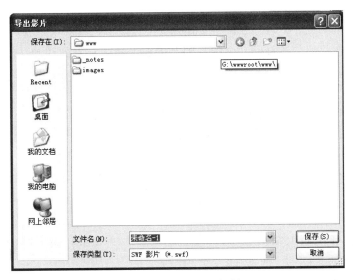

图 4.7　"导出影片"对话框

方法二　选择"文件"菜单→"发布设置"命令,在弹出的"发布设置"对话框中选择发布文件的格式及存储路径,然后单击"发布"按钮完成发布,如图 4.8 所示。

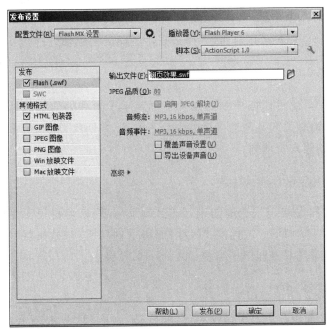

图 4.8　"发布设置"对话框

4.2.3　Flash CS5 的新功能

Flash CS5 在以前版本的基础上,增加了一些十分实用的新功能,下面将进行简单介绍。

1. 基于对象的动画

Flash CS5 在保留传统补间动画的基础上增加了基于对象的动画。使用基于对象的动画不仅大大简化 Flash 中的设计过程,而且更便于控制对象,它将动画补间效果直接应用于对象本身,而不是关键帧,从而可以精确控制每个单独的动画属性。另外,使用贝赛尔曲线工具(如"钢笔"工具),可以轻松地调整对象的运动轨迹,如图 4.9 所示。

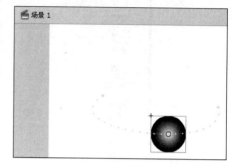

图 4.9　基于对象的动画

【例 4.2】　完成基于对象的动画制作如图 4.9 所示。

操作步骤:在画布上绘制一个圆,填充为白至黑色的径向渐变,单击"插入"菜单→"补间动画"命令,将圆移动一定的位移,给出一条绿色的线段,箭头靠近线段时出现一个弧线,拖动线段,形成贝赛尔曲线,即对象的运动轨迹。

2. 3D 变形

在 Flash CS5 中,新增加了两种全新的 3D 变形工具:3D 平移工具 和 3D 旋转工具 ,使用这两种工具,用户可以对 X、Y 和 Z 三个方向的坐标轴进行调节。

3. 使用"骨骼"工具进行反向运动

使用"骨骼"工具 可以向单独的元件实例或单个形状的内部添加骨骼。在移动一个骨骼时,与该骨骼相关的其他链接骨骼也会跟着移动,创建类似于链的动画效果。这样可以更加方便地创建人物动画。

4. 使用 Deco 工具装饰性绘画

使用 Deco 工具 可以快速地创建万花筒效果,并轻松地将任何元件转换为即时设计工具。方法为:选中 Deco 工具,在"属性"面板中选择"绘制效果"的类型,在画布上单击即可绘制,再单击或双击即停止绘制,如图 4.10 所示。

5. "动画编辑器"面板

"动画编辑器"面板可以对关键帧参数(如旋转、大小、缩放、位置和滤镜)进行更详细的设置,如图 4.11 所示。

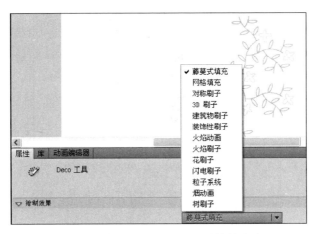

图 4.10 使用 Deco 工具进行装饰性绘画

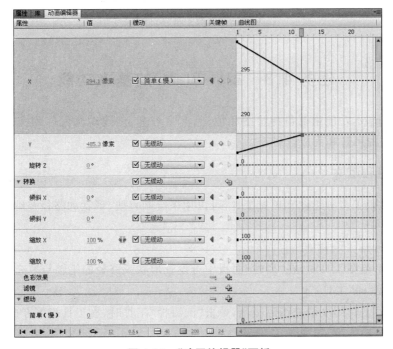

图 4.11 "动画编辑器"面板

6. 补间动画预设

选择"窗口"菜单→"动画预设"命令,即打开"动画预设"面板,如图 4.12 所示。使用"动画预设"面板,可以对任何对象应用预置的动画。方法是:选中对象,选择"动画预设"面板中提供的数十种预设动画中的一种,并单击"应用"按钮即可。另外,用户可以创建并保存自己的动画。

Flash CS5 还有很多新增功能,这里就不一一介绍了。

图 4.12   "动画预设"面板

任务 4.3   掌握 Flash 的基本功能

Flash 的基本功能主要包括绘图和填充、文字处理、创建动画元件和实例、使用动作控制内容、添加声音和集成电影等。

4.3.1   绘图和填充

Flash 提供了多种绘图和填充工具,可以用来绘制直线、形状和路径及编辑操作。

1. 笔触与填充

单击某个绘图工具时,在"属性"面板中可设置形状或路径的笔触与填充。

(1)"油漆桶"工具 🖌

"油漆桶"工具用来填充图形颜色,单击"油漆桶"工具时,在工具箱下方选项区域出现油漆桶的相应功能键,如图 4.13 所示。

如果需要更多的填充效果,选择"窗口"菜单→"颜色"命令,在"颜色"面板中可选择各种颜色类型。填充类型有以下几种。

- 无:删除填充。
- 纯色:提供一种纯正的填充单色。单击"填充"选择框,弹出调色板,单击某种颜色则选中该颜色,或直接输入 RGB 值及 Alpha 值定义填充颜色。
- 线性渐变:产生一种沿线性轨道混合的渐变。
- 径向渐变:产生从一个中心焦点出发沿环形轨道混合的渐变。
- 位图渐变:允许用可选的位图图像平铺所选的填充区域。

当采用渐变填充时,要更改渐变中的颜色,选择"渐变定义栏"下面的某个颜色指针,双击,弹出调色板,单击某种颜色。拖动"亮度"调节杆来调整颜色的亮度。当光标接近渐变栏后变成"＋"号时,单击可添加渐变颜色,如图4.14所示。不同的填充效果如图4.15所示。

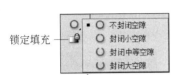
锁定填充

图4.13　油漆桶相应功能键

图4.14　渐变填充工具

用纯红色填充

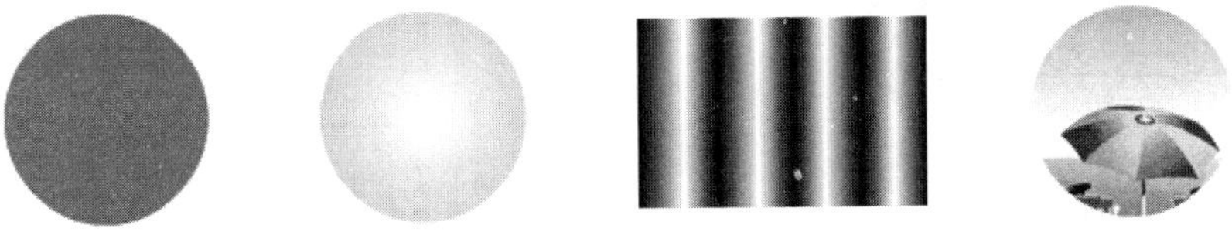

用黄白径向填充

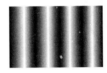
用灰黑线性填充

用位图填充

图4.15　不同的填充效果

（2）"墨水瓶"工具

"墨水瓶"工具的功能是改变绘图中线条和轮廓线的颜色和样式。

2. 绘制基本几何形状

在Flash中使用"直线"工具　绘制直线,使用"椭圆"工具 　 绘制椭圆,使用"矩形"工具 　 绘制矩形,使用"多角星形"工具 　 绘制多边形或星形。

（1）绘制直线

单击"直线"工具,在"属性"面板中设置笔触颜色、笔触高度、笔触样式。按住Shift键,绘制呈现倾斜度为45°倍数的直线。

（2）绘制椭圆

单击"椭圆"工具,在"属性"面板中设置笔触和填充颜色。在舞台上绘制椭圆。按下Shift键绘制正圆形,若按下Alt键则以当前点为圆心绘制圆形。

（3）绘制基本椭圆

与"椭圆"工具相似,对于绘制完成的椭圆对象,可以使用"选择"工具,单击图形拖动椭圆上的节点,使其变为任意形状的椭圆图形,如图4.16所示。

（4）绘制矩形

单击"矩形"工具,在"属性"面板中设置笔触和填充颜色,在舞

图4.16 绘制基本椭圆

台上绘制矩形形状。按下 Shift 键绘制正方形，若按下 Alt 键则以当前点为中心绘制矩形。

（5）绘制基本矩形

与"矩形"工具相似，在绘制的矩形周围会出现调节框，以此调节所绘矩形大小。对于绘制完成的矩形对象，可以使用"选择"工具，单击图形，拖动矩形对象上的节点，使绘制的矩形对象变为任意形状的圆角矩形，如图 4.17 所示。

（6）绘制"多边形"工具

单击"多角星形"工具，在"属性"面板中设置笔触和填充颜色，单击"选项"按钮，弹出如图 4.18 所示"工具设置"对话框，在此设置样式（选择多边形或星形）、边数和星形顶点大小。

图 4.17　绘制基本矩形

图 4.18　设置多边形或星形相关属性

3. 绘制曲线

用"钢笔"工具 可以绘制直线、光滑的曲线和任意形状的图形。单击"钢笔"工具，在舞台上单击可创建一个节点，连续单击可创建折线。在舞台上单击并拖动鼠标可创建曲线。用"部分选取"工具选中节点即出现一个控制柄，拖动控制柄，控制柄的长度和方向决定曲线的弯曲程度，如图 4.19 所示。

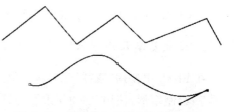

图 4.19　用钢笔工具绘制折线和曲线

【例 4.3】 利用"钢笔"工具绘制一个心形形状。操作步骤如下。

（1）单击"钢笔"工具，在舞台上单击创建第一个节点，然后在第一个节点的正上方单击并拖动鼠标，控制柄呈水平方向，回到第一个节点位置单击形成一个封闭的曲线。

（2）单击"部分选择"工具，单击上方节点，此节点有一条水平控制柄，按住 Alt 键，调节节点，将一条水平控制柄调节为两条控制柄，拖动控制柄，调节控制柄呈锐角。

（3）单击"油漆桶"工具，在"属性"面板中设置填充颜色为红色，在舞台封闭区域单击图形完成填充，如图 4.20 所示。

4. 用"铅笔"工具绘图

使用"铅笔"工具 绘画的方式与使用真实铅笔大致相同。要在绘画时平滑或伸直线条和形状，用户可以给"铅笔"工具选择一种铅笔模式。在"工具"面板的"选项"区域，选择

图 4.20　绘制圆心

一种相应的铅笔模式的功能键。

（1）选择"伸直"功能键 ⌐，绘制直线，并将接近三角形、椭圆、圆形、矩形和正方形的形状转换为这些常见的几何形状。

（2）选择"平滑"功能键 ∫ 绘制平滑曲线。

（3）选择"墨水"功能键 ⌁ 绘制不用修改的手画线条。

5．用"刷子"工具绘图

"刷子"工具 ✎ 能绘制出笔刷般的笔触，就像用户在涂色一样。使用"刷子"工具功能键要选择刷子大小和形状。

6．对象的操作

（1）选取对象

单击"选择"工具，单击舞台上的任意对象，选中对象，按下 Shift 键可同时选中多个对象，或拖动鼠标在舞台上绘制一个矩形区域，选中某个图形的一部分。

（2）调节直线和节点位置

选中对象后，当"选择"工具靠近图形某条边线时，"选择"工具的箭头处出现一条曲线 ⌐，此时拖动边线变成曲线。当"选择"工具靠近某个节点，"选择"工具的箭头处出现两条相交的直线 ⌐，可拖动节点，改变节点的位置。

（3）移动节点

用"部分选择"工具，单击节点，进行拖动。

（4）角点、曲线点之间的转换

将角点转换为曲线点时，单击角点，按住 Alt 键拖动。将曲线点转换为角点时，单击"钢笔"工具，靠近曲线点，钢笔工具显示为 ✎，单击该曲线点即可。

（5）添加节点

单击"钢笔"工具，靠近线段要添加节点的位置，这时指针会显示为 ✎₊，单击。

（6）删除节点

单击"钢笔"工具，靠近节点的位置，这时鼠标指标会显示为 ✎₋，单击。

（7）调节路径

单击"部分选择"工具，单击节点，通过调节控制柄的长度和方向，可调节曲线。

7. 缩放和旋转对象

选中对象、缩放和旋转对象,常用的方法有以下三种。

方法一　单击"任意变形"工具 ，选择工具箱下方的"选项区域"相应的功能按钮:旋转与倾斜 、缩放 、扭曲 和封套 ，可对图形进行变形。

(1) 缩放:拖动控制点可改变图形的高度或宽度,按住 Shift 键,可成比例缩放。

(2) 倾斜:当光标靠近中间控制点,光标变为一个双向箭头,拖动双向箭头,就会产生倾斜效果。

(3) 扭曲:光标拖动某个端节点,就会产生扭曲效果。

(4) 封套:允许用户弯曲或扭曲对象。封套是一个边框,其中包含一个或多个对象。更改封套的形状会影响该封套内对象的形状,通过调整封套的点和切线手柄来编辑封套形状。

对一矩形变形后的效果如图 4.21 所示。

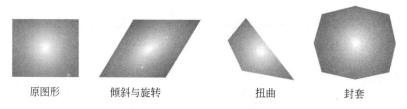

原图形　　　倾斜与旋转　　　　扭曲　　　　封套

图 4.21　矩形变形后的效果

方法二　选择"修改"菜单→"变形"选项→某个变形命令,如图 4.22 所示。

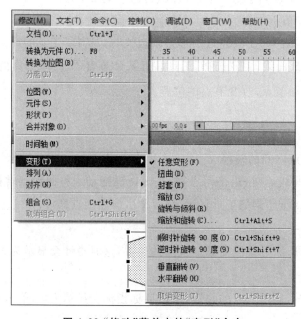

图 4.22　"修改"菜单中的"变形"命令

方法三 选择"窗口"菜单→"变形"命令,打开"变形"面板,设置变形比例、旋转、倾斜等参数,如图 4.23 所示。

8. 辅助工具的使用

在绘图过程中,为了精确绘制,常会用到辅助绘图工具,例如:"缩放"工具 、"手形"工具、网络、标尺、辅助线等。操作方法为:选择"视图"菜单中"网络"、"标尺"、"辅助线"等命令。

9. 排列、对齐、组合和取消组合

(1)排列
选中对象,选择"修改"菜单→"排列"→某种排列命令,改变对象的层叠顺序。
(2)对齐
选中多个对象,选择"窗口"菜单→"对齐"命令,打开"对齐"面板,然后单击某个对齐方式按钮,如图 4.24 所示。

图 4.23 "变形"面板

图 4.24 "对齐"面板

(3)组合和取消组合
使用"组合"命令,可将多个元素作为一个对象来处理。选中多个对象,选择"修改"菜单→"组合"命令,多个对象组合为一组。选中一组对象,选择"修改"菜单→"取消组合"命令,恢复为多个单个对象。

【例 4.4】 利用 Flash 基本工具绘制灯笼,综合利用填充、变形、辅助等工具。
操作步骤如下。

(1)新建一个文档,单击"矩形"工具,选择"窗口"菜单→"颜色"命令,设置填充为黄红放射性渐变,笔触颜色为黑色,高度为2,样式为实线。在舞台上,绘制一个矩形,单击"选择"工具,选中顶部和底部的边框线,按下 Del 键进行删除。用"选择"工具单击矩形左侧的边框线,然后按下 Alt 键,拖动线段,即复制此线段,同理继续复制线段,共复制 7 条线段。按下 Shift 键,依次选中这 7 条线段及两边的垂直边框,选择"窗口"菜单→"对齐"命令,打开"对齐"面板,注意不要选中"相对于舞台"复选项,选择"顶对齐"方式,水平居中分布,注意线段间距。

(2)选择"视图"菜单→"标尺"命令,舞台左侧和上侧出现即标尺,单击"选择"工具,指向标尺处,拖动鼠标,拖出辅助线,辅助线为亮绿色线条,拖出多条辅助线,注意辅助线左右、上下对称，如图 4.25(a)所示。

（3）选中全部对象，单击"任意变形"工具，选择选项区域中的"封套"功能键，按住左侧中间的一个方形句柄，向左拖动，到达辅助线交叉位置；将右侧也进行这样的自由变换，如图 4.25(b)所示。

（4）这一步比较关键，注意图 4.25(b)中特别标示的方向线控制点，按住这些按制点并拖动到辅助线交叉位置，如图 4.25(c)所示。

（5）最后再添加一些装饰，绘制两个矩形，作为灯笼的底座。选中全部对象，选择"修改"菜单→"组合"命令，将多个单个图形组合在一起。至此灯笼制作完成，如图 4.25(d)所示。

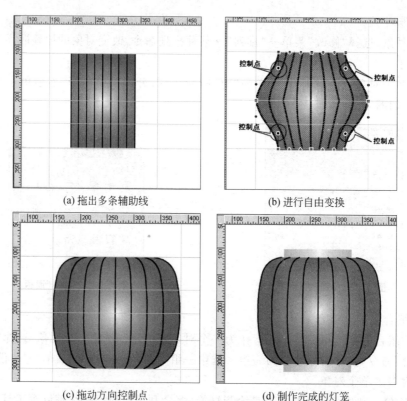

(a) 拖出多条辅助线　　　　　　　(b) 进行自由变换

(c) 拖动方向控制点　　　　　　　(d) 制作完成的灯笼

4.25　绘制灯笼

【例 4.5】　绘制图形综合实例："米老鼠头像"。本实例综合运用了绘图工具、填充与线条、选择工具等。操作步骤如下。

（1）利用"椭圆"工具绘制了若干个椭圆，将最顶端两个圆填充为黑色，如图 4.26(a)。

（2）修剪线段，形成米老鼠的轮廓，如图 4.26(b)。

（3）绘制直线，用"选择"工具将直线调整为曲线，利用"椭圆"工具绘制米老鼠的鼻子和眼睛。

（4）利用"钢笔"工具，绘制米老鼠的嘴巴、舌头、下巴。

（5）最后填充颜色，舌头为红色，皮肤为粉色，头发、眼睛、鼻子为黑色，如图 4.26(c)。

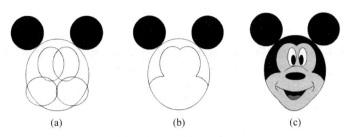

<table>
<tr><td>(a)</td><td>(b)</td><td>(c)</td></tr>
</table>

图 4.26 绘制米老鼠头像

4.3.2 位图操作

1. 导入位图

Flash 不仅可以绘制各种形状的矢量图形,也可以导入多种格式的位图,如 JPG、GIF、PNG 格式等。

选择"文件"菜单→"导入"→"导入到舞台"命令,直接将位图导入到舞台中。若选择"导入到库"命令,则将位图导入到"库"面板中,但并不在舞台中出现。

2. 使用位图填充

使用已导入的位图可以对绘制好的图形进行填充,在"颜色"面板中,在"颜色类型"下拉列表中选择"位图填充"时,已导入的位图将显示在下方的列表区域中,选择某个位图,如图 4.27(a)所示。如果列表区域中没有所需的位图,单击"导入"按钮,弹出"导入到库"对话框,如图 4.27(b)所示,选择本地计算机上的位图图像,并将其添加到库中。

(a) 位图填充　　　　　　　　　(b) "导入到库"对话框

图 4.27 使用位图

3. 分离位图

在舞台中导入一幅位图后,不能直接对其进行编辑,例如,用"套索"工具去除位图的背景是无法操作的,只有分离位图后才能操作。操作步骤如下。

(1) 导入一幅位图到舞台,或将已导入库中的位图拖入到舞台中,单击当前场景中的位图。

(2) 选择"修改"菜单→"分离"命令,或按下组合键 Ctrl+B 分离位图。分离后位图成点状显示,如图 4.28(a)所示。

(3) 单击"套索"工具 ,在"工具"面板的"选项"区域,选中魔术棒,并设置魔术棒参数,单击选中图像中的背景,按下 Del 键删除背景,如图 4.28(b)所示。

(a)　　　　　　　　　　　(b)

图 4.28　去除位图背景

4. 将位图转换为矢量图

将位图转换为矢量图后,就可以将图像当作矢量图进行处理。与位图相比,一般矢量图文件较小,因此有利于减少 Flash 文件的大小。位图转换为矢量图的操作步骤如下。

选中当前场景中的位图,选择"修改"菜单→"位图"→"转换位图为矢量图"命令,弹出"转换位图为矢量图"对话框,如图 4.29 所示。

图 4.29　"转换位图为矢量图"对话框

(1) 颜色阈值:输入一个介于 1~500 之间的值。颜色阈值越大,则越会降低转换为矢量图后的颜色数量。

(2) 最小区域:输入一个介于 1~1000 之间的值。用于设置在指定像素颜色时要考虑的周围像素的数量。

(3) 角阈值:从下拉菜单中选择一个选项,以确定是保留锐边还是进行平滑处理。

(4) 曲线拟合:从下拉菜单中选择一个选项,用于确定绘制的轮廓的平滑程度。

例如,要创建最接近原始位图的矢量图形,输入如图 4.29 所示各项参数即可。

注意:如果位图颜色很复杂,如对于高清晰度的照片或风景图,将转换为矢量图时反而文件更大了,可采用压缩位图品质的方法来解决。

4.3.3 处理文本

在 Flash 中，文本和矢量图形一样是必不可少的。Flash 文本的特效设计会为 Flash 动画增色不少。

Flash 文本的类型分为三种：静态文本字段、动态文本字段和输入文本字段。在 Flash 动画中既可创建包含静态文本的文本块，即在创作文档时确定其内容和外观的文本；也可创建动态文本字段显示动态更新的文本，如体育得分或股票报价等；另外还可创建输入文本允许用户为表单、调查表或其他目的输入文本。本小节内容主要介绍对静态文本的处理。

1. 输入文本

单击"文本"工具 $\boxed{\text{T}}$，在"属性"面板中设置文本属性，将鼠标移动到舞台上单击，出现一个文本框，光标在文本框中闪烁。此时输入文本，如果需换行则按 Enter 键。文本输入完成后，将鼠标在文本框以外任意处单击，完成文本输入。

文本输入完毕后，如果想修改文本，再次单击"文本"工具，在文本框处单击文本，进行编辑。

2. 设置文本属性

在输入文本前，单击"文本"工具，在"属性"面板中设置文本属性，然后再输入文本，或输入文本后，单击"选择"工具，选中文本，在"属性"面板中设置文本属性。可设置文本的字体、字号、样式、颜色及段落的对齐方式、边距、缩进和行间距，还可为文本添加链接路径，如图 4.30 所示。

图 4.30　文本属性设置

还可以对文本进行旋转、缩放、倾斜和翻转等变形。

注意：可选中文本块中的部分文本，设置文本的属性。

3. 将文本转换为矢量图形

在文本框中输入文本后，文本是一个整体的文本块。要想对单个文字进行处理，可以将文本块中的文本分离成单独的文本块，并可以将这些单独的文本块分布到各个独立的层中，从而轻松地为每个单独的文本块创建动画。要重新调整文字的形状，必须将其转换为相应的线条和填充，即文本分离。

【例 4.6】 将文本转换为矢量形状,如图 4.31 所示,操作步骤如下。

(1) 单击"文本"工具,输入文本,单击"选择"工具,单击文本块,选中文本块,选择"修改"菜单→"分离"命令,或按组合键 Ctrl＋B,每个字符都将分离出来,变成只包含一个字符的文本块。文本在舞台上的位置不变。

(2) 选择"修改"菜单→"分离"命令,选定的文本就会被转换为形状。

(3) 转换后的文本就是矢量图形,可对每一个文字进行修饰。单击选择工具,选中文本,单击"油漆桶"工具,填充红—黄—蓝—绿—紫线性渐变。单击"部分选择"工具,单击某个文字,修改文字的路径。

【例 4.7】 制作彩色镂空特效文字,如图 4.32 所示,操作步骤如下。

(1) 单击"文本"工具,输入文本,按下组合键 Ctrl＋B,将文本转换为单个字符,再按组合键 Ctrl＋B,将文本转换为矢量形状。

(2) 单击"墨水瓶"工具,在"颜色"面板中单击"笔触颜色",设置笔触填充效果为红—蓝—绿—黄线性渐变。单击每个文本的边框,文本边框呈现彩色的笔触效果。

(3) 选中白色的填充部分并将其删除,操作完成。

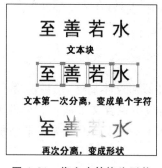

图 4.31　将文本转换为形状

图 4.32　镂空特效字的制作

任务 4.4　应用 Flash CS5 设计动画

使用 Flash 制作动画影片的流程一般是,先制作动画中所需要的各种元件,然后放置在舞台(被称为实例)进行适当的组织编排,在这个过程中可以添加声音,可以使用动作使 Flash 影片能够响应特定事件,从而获得交互效果。影片制作完成后,将其导出为一个可嵌入网页的 SWF 格式的文件。因此,元件是 Flash 中用得最多的对象。本节将通过一系列的实例介绍 Flash 动画的制作方法和技巧,能够制作出优秀的 Flash 动画效果,最主要的是培养创造性的设计能力。

4.4.1　场景、元件与实例

1. 使用场景

当 Flash 文件很复杂时,需要很多场景,并且每个场景中的对象可能都不同。Flash

可以将多个场景中的动作组合成一个连贯的电影。SWF 文件中的场景将按照在"场景"面板中所列出顺序依次播放。

（1）添加场景：选择"插入"菜单→"场景"命令，或在"场景"面板中单击"添加场景"按钮。

（2）删除场景：在"场景"面板中单击"删除场景"按钮。

2．元件和实例

元件是存放在库中的可反复取用的图形、动画、按钮和音频。当用户创建一个元件时，元件就存储在文件的"库"面板中，"库"面板对元件进行有效的组织和管理，还可建立文件夹，将元件分类存放在文件夹中。将元件从库拖入舞台，就生成了一个实例。元件的类型有图形、影片剪辑、按钮三种。

（1）图形：可反复取用的图片，用于构建动画主时间轴上的内容。一般只含有一帧静止图片。不能对它添加交互行为和声音控制。

（2）影片剪辑：可反复取用的一段小动画。可独立于主时间轴进行播放。可以用 ActionScript 语言进行控制，但不能对鼠标事件做出响应。

（3）按钮：用于创建动画的交互控制按钮。可响应事件，添加交互动作。

3．创建元件

创建元件的方法比较多，下面介绍常用的三种方法。

方法一　选中场景中的对象，选择"修改"菜单→"转换为元件"命令，或按下快捷键 F8，弹出"转换为元件"对话框，在此输入名称，选择类型，单击"确定"按钮，如图 4.33 所示。

图 4.33　"转换为元件"对话框

方法二　选择"插入"菜单→"新建元件"命令，或单击"库"面板下方的"新建元件"按钮，弹出"新建元件"对话框，在此输入名称和选择类型，单击"确定"按钮，进入到元件的编辑界面。

方法三　Flash 有一个公用库。选择"窗口"菜单→"公用库"选项→"声音或按钮或类"命令，打开"公用库"面板后，选中元件，拖入到当前文档的"库"面板中。

4．编辑和使用元件

（1）编辑元件：打开"库"面板，选中某个元件双击，进入到元件的编辑状态，或在舞台上双击实例，进入到元件的编辑状态。

（2）使用元件：创建的元件会被保存在"库"面板中，选择"窗口"菜单→"库"命令，或按下组合键 Ctrl＋L 或快捷键 F11，打开"库"面板，选中元件拖至舞台中。

（3）实例的应用：元件拖放到舞台中，即称为实例。在"属性"面板中，可对实例进行相应的属性设置，例如设置实例名称、行为、位置和大小、颜色、动画播放方式等，如图4.34所示。

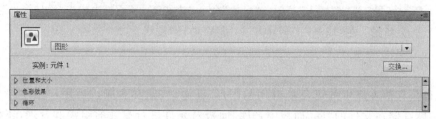

图 4.34　设置实例的属性

4.4.2　帧与关键帧

Flash动画是由多帧组成的。帧就是动画在播放过程中，不同时间内动画内容的载体。帧分为普通帧、关键帧、空白关键帧和过渡帧，如图4.35所示。

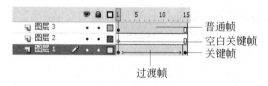

图 4.35　帧及关键帧

（1）关键帧：定义了动画变化的帧，也可以说是包含了帧动作的帧。在时间轴中是一个实心的小黑点。

（2）空白关键帧：没有内容的关键帧。在时间轴上是一个空心的小圆圈。

（3）普通帧：又称为相同帧，与前一个关键帧的内容相同，是灰色的帧。

（4）过渡帧：两个关键帧之间定义了动画的帧，它使得动画过程更流畅。

4.4.3　图层

图层用于有效地组织电影元素，使元素之间不至于相互干扰，如图4.36所示。

1．图层的分类

（1）普通层：当创建一个新的Flash文档后，它就包含一个普通层，它是Flash中应用最多的图层。

（2）引导层：利用引导层可以制作沿路径运动的动画。

（3）遮罩层：遮住下面层的内容，透过建立的矢量图形可以看见下面图层的内容。

2．图层的操作

（1）插入图层：在时间轴左下方单击"插入图层"按钮 ▣，就添加了一个普通层。

（2）改变图层的属性：选中图层，右击，在弹出的快捷菜单中选择"属性"命令，弹出"图层属性"对话框，在此设置图层的属性，如图4.37所示。

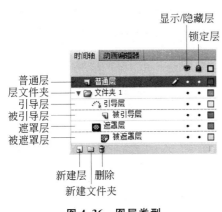

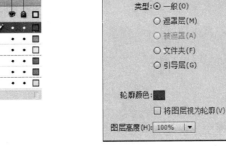

图4.36 图层类型　　　　　　　　　　　　图4.37 "图层属性"对话框

（3）插入图文件夹：将图层分类放在文件夹进行组织管理。

（4）不需要图层时，单击"删除图层"按钮。

（5）图层的显示或隐藏，单击层，单击眼睛图标位置，出现红叉，表示隐藏，出现黑色圆点表示显示。

（6）图层的锁定：单击层，单击需锁定层下方，出现锁的标志，表示锁定层，黑色圆点表示解锁。

4.4.4 创建动画

用户通过改变连续帧的内容来实现动画，例如穿梭移动、放大或缩小、旋转、变色、淡入淡出以及改变形状等。

有三种方法可以在Flash中创建动画序列，分别是创建传统补间动画、创建补间动画、创建补间形状。

1．创建帧并帧动画

要创建帧并帧动画，必须为每一帧都定义关键帧，并且修改关键帧中的内容。

【例4.8】 制作帧并帧动画"转动的钟表"，如图4.38所示。制作过程如下。

（1）新建一个文档，绘制一个钟表的图形，钟表的边框采用红—黑线性渐变，将当前图形所在的图层重命名为"背景"，锁定该层。

（2）单击时间轴左下角的"新建图层"按钮，新建一个图层，单击"直线"工具绘制一个指针，选中指针，按快捷键F8，将指针转换为元件，类型为"图形"，名称为"指针"。

（3）单击"任意变形"工具，将指针变形控制点移动到指针的最底端。

（4）单击当前关键帧后一个空白帧，插入一个关键帧，多次重复此步骤，插入12个关键帧。

（5）修改每个关键帧的状态。选择"窗口"菜单→"变形"命令，打开"变形"面板。单击第2个关键帧，在"变形"面板中设置旋转30°，按回车键，选中第三个关键帧，在"变形"面板中设置旋转60°，继续选中后面的关键帧，以此类推，旋转度递增30°。到最后一个关

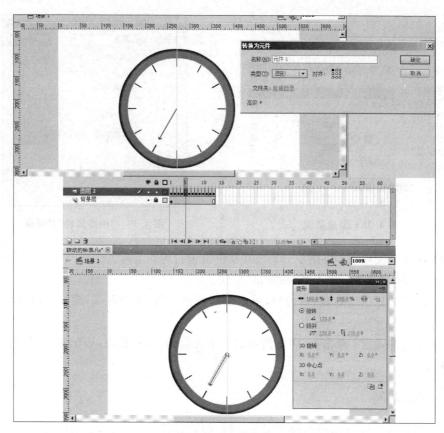

图 4.38　转动的钟表

键帧,旋转角度为 360°,刚好旋转一周。至此动画制作完成。

2. 创建传统补间动画

【例 4.9】　利用传统补间动画制作跳动的字符,如图 4.39 所示。效果为字符沿镜面垂直向上移动。

(1) 新建一个文档,背景颜色为亮蓝色(♯0099FF),单击"矩形"工具,在"属性"面板中设置"填充"为深蓝色(♯000066),绘制一个矩形,占据了舞台的下半部分,将此图层命名为"背景层",锁定此层。

(2) 新建一层,此层命名为文本层,单击"文本"工具,设置文本颜色为黄色(♯FFFF00),字体为 Arial Black,字体大小为 70,输入文本 MIRROR,按下组合键 Ctrl+B,将文本块打散为单个字符,分别选中每一个字符,按快捷键 F8,将文本转换为元件,"类型"均为"影片剪辑","名称"分别是 M、I、R、O、R1、R2。

(3) 选择"视图"菜单→"标尺"命令,光标指向水平标尺处,按下鼠标左键拖动,出现一条水平辅助线,辅助线位于舞台的上方,此水平辅助线的位置,是字母运动到上方的位置。

(4) 双击字母 M,进入到影片剪辑的编辑状态,在第 20 帧和第 40 帧处插入关键帧,

分离文本块为单个字符,转换为电影剪辑
元件,双击字符进入编辑状态

M字符共有3个关键帧,修改第20帧(第2个关
键帧)的状态,垂直向上移动一段距离

选中多个字符、复制、粘贴,水平翻转并
旋转180°,修改Alpha值为50%

Flash动画播放效果

图4.39 跳动的字符

分别在第1帧至第20帧,第21帧至第40帧时间轴上的任一帧处右击,在弹出的快捷菜单中选择"创建传统补间"命令。

(5)返回场景,双击字母I,进入到影片剪辑的编辑状态,在第4帧、第24帧、第44帧,插入关键帧,在"属性"面板中设置补间为动画。单击第24帧,修改第24帧中字母向上移动到辅助线位置。

(6)返回场景,双击字母R,进入到影片剪辑的编辑状态,在第7帧、27帧、47帧,插入关键帧,单击第27帧,修改第27帧中字母移动到辅助线位置。其他字母的修改以此类推,每一个影片剪辑的第二个关键帧依次推后3帧。

(7)返回到场景后,单击文本层的关键帧,将这几个字母全部选中,选择"编辑"菜单→"直接复制"命令,字选择"修改"菜单→"变形"→"水平翻转"命令,向下移动字母的位置,在"属性"面板中设置Alpha值为50%,按下组合键Ctrl+Enter测试影片效果,即可看到字母呈镜像依次上下跳动。

3. 创建补间动画

补间动画是Flash CS5在原来的基础上新增加的动画功能,是通过为不同帧中的对象属性指定不同的值而创建的动画。Flash计算这两个帧之间该属性的值。

补间范围是时间轴中的一组帧,其中的某个对象具有一个或多个随时间变化的属性。补间范围在时间轴中显示为具有蓝色背景的单个图层中的一组帧。

属性关键帧是在补间范围中为补间目标对象显式定义一个或多个属性值的帧。这些属性可包括位置、alpha(透明度)、色调等。所定义的每个属性都有它自己的属性关键帧。

注意：补间动画和传统补间之间的差异是传统补间使用关键帧。关键帧是其中显示对象的新实例的帧。补间动画只能具有一个与之关联的对象实例，并使用属性关键帧而不是关键帧。

【例 4.10】 弹跳的篮球，如图 4.40 所示，制作过程如下。

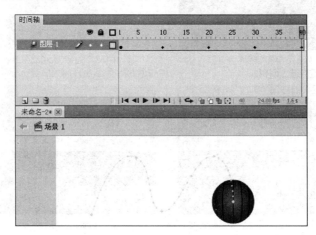

图 4.40 弹跳的篮球

（1）新建一个文档，单击"椭圆"工具，设置"笔触"颜色为"无"，"填充"颜色为由红至深红色径向渐变，绘制一个圆形，单击"直线"工具，设置笔触颜色为黑色，宽度为 1 像素，线型为实线，在圆形图形中绘制多条线段，单击"选择"工具，将线条调整为曲线，选中整个图形，选择"修改"菜单→"转换为元件"命令，将其转换为元件。

（2）在时间轴上，在第 10 帧处右击，在弹出的快捷菜单中选择"插入帧"命令，在第 1帧至第 10 帧处任意位置右击，在弹出的快捷菜单中选择"创建补间动画"命令。

（3）单击第 10 帧处，然后移动篮球到另一个位置，在画布中出现一条绿色的线段，这条线段就是 Flash CS5 补间动画的运动路径，时间轴第 10 帧处出现一个黑色菱形标识，此标识即为属性关键帧。

（4）在第 40 帧插入帧，分别单击第 20 帧、第 30 帧、第 40 帧处，移动篮球至不同的位置，形成了一条绿色折线，此折线即为图形的运动路径。

（5）用"选择"工具或"部分选择"工具对折线进行曲线的调整。

（6）按组合键 Ctrl＋Enter 可测试图形的运动效果。

4. 引导动画

运动引导层允许用户绘制一条曲线作为动画路径，动画中的实例、组合体或文本块将沿着这条曲线运动。用户可以将多个层链接到一个运动引导层上，使多个对象按照相同的路径运动。一个链接到运动引导层的普通层将变成被引导层。

【例 4.11】 沿路径移动的动画"飞舞的小蜜蜂"，如图 4.41 所示。制作过程如下。

（1）新建一个文档，选择"文件"菜单→"导入到舞台"命令，导入一幅花卉图 sj136.jpg作为背景图，命名此层名称为背景，锁定此层。

蜜蜂身体

蜜蜂影片剪辑
第1个关键帧

蜜蜂影片剪辑第2个
关键帧：翅膀挥动

场景中的时间轴

蜜蜂翅膀转换为元件

在场景中第3个关键帧
蜜蜂沿路径方向

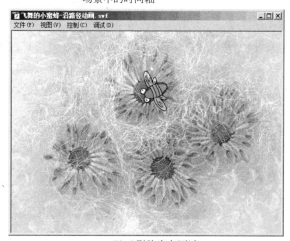
Flash影片发布测试

图 4.41 "飞舞的小蜜蜂"的制作过程

（2）选择"插入"菜单→"新建元件"命令，弹出"新建元件"对话框，输入"元件"名称为"蜜蜂"，"类型"为"影片剪辑"，单击"确定"按钮，进入到影片剪辑的编辑状态。

（3）用"绘图"工具绘制了蜜蜂的身体，重命名此层为 body，新建一层，命名为 right，单击"铅笔"工具绘制蜜蜂的翅膀，单击"选择"工具，选中翅膀，按下快捷键 F8，将此图形转换为元件，"名称"为"翅膀"，"类型"为"图形"，如图 4.41 所示。新建一层，命名为 left，将"翅膀"元件拖入到蜜蜂身体的左侧，选择"修改"菜单→"变形"选项→"水平翻转"命令，放置左侧翅膀。

（4）调整层的顺序，此时共有三层，body 层在最上方，下面两层为 left 和 right，将蜜蜂排列整齐。选中 left 层，单击第 5 帧，插入关键帧。选中翅膀实例，单击"任意变形"工具，单击"选项"区域"旋转与倾斜"功能键，变形此实例，右击第 1 帧，在弹出的快捷菜单中选择"创建传统补间"命令。

（5）选中 right 层，与上一步相同，创建传统补间。此时拖动播放磁头，可看到两边翅膀上下扇动。单击场景 1 的链接，返回场景。

（6）新建一层，将其命名为"蜜蜂"，按快捷键 F11 打开"库"面板，将蜜蜂影片剪辑元件拖入到场景，放置在舞台右下外侧。

（7）在"蜜蜂"层右击，在弹出菜单中选择"添加传统运动引导层"命令，即新建引导层，单击"钢笔"工具，绘制一条曲线，曲线路径经过画面上的花朵，右击第 50 帧，在弹出菜单中选择"插入帧"命令,锁定引导层。

(8) 单击"蜜蜂"层的第 1 帧,将蜜蜂实例拖动至引导线上,单击"任意变形"工具,旋转蜜蜂为沿路径方向,单击第 10 帧,插入关键帧,将蜜蜂移动到第 1 个花朵上,单击"任意变形"工具,旋转蜜蜂为沿路径方向,右击第 1 帧,在弹出的快捷菜单中选择"创建传统补间"命令。

(9) 单击第 15 帧,插入关键帧,单击第 25 帧,插入关键帧,移动蜜蜂到第 2 个花朵,旋转蜜蜂为沿路径方向;右击第 15 帧,在弹出的快捷菜单中选择"创建传统补间"命令。

(10) 单击第 30 帧,插入关键帧;单击第 40 帧,插入关键帧;旋转蜜蜂为沿路径方向,移动蜜蜂到第 3 个花朵,右击第 30 帧,在弹出的菜单中选择"创建传统补间"命令。单击第 45 帧,插入关键帧;单击第 50 帧,插入关键帧,将蜜蜂移到舞台外,旋转蜜蜂为沿路径方向,右击第 45 帧;在弹出的菜单中选择"创建传统补间"命令。

5. 创建补间形状

使用补间形状可以创建和变形相类似的效果,以某个形状出现,随着时间推移,最开始的形状逐渐变形成另一个形状,另外可通过添加形状提示点,控制补间形状渐变的结果。操作步骤如下:选择"修改"菜单→"形状"→"添加形状提示点"命令。设置形状的位置、大小、颜色也可产生渐变效果。

【例 4.12】 制作表现翻书效果的形状渐变动画,书的内页慢慢地翻过来,如图 4.42 所示。制作过程如下。

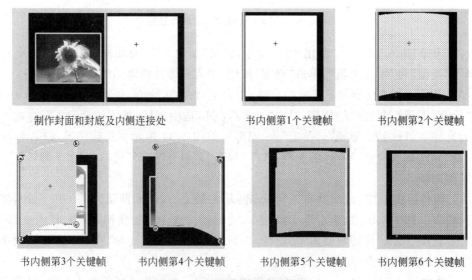

制作封面和封底及内侧连接处　　书内侧第1个关键帧　　书内侧第2个关键帧

书内侧第3个关键帧　　书内侧第4个关键帧　　书内侧第5个关键帧　　书内侧第6个关键帧

图 4.42　翻书效果制作过程

(1) 新建一个文档,单击"矩形"工具,设置填充颜色为深蓝色(♯000066),绘制一个矩形,按快捷键 F8,将图形转换为元件,名称为"书册","类型"为"影片剪辑",双击矩形,进入影片剪辑的编辑状态,重命名此层为"封面"。

(2) 新建层,并命名为封面图,选择"文件"菜单→"导入到舞台"命令,选择位图文件

065.jpg,单击"缩放"工具将图像大小缩放到合适尺寸。

（3）插入一层,并命名为"封底",复制封面的矩形,将其粘贴到此层,并移动到封底的右侧顶端对齐。再插入一层,绘制一个细长的矩形,填充为黑—白线性渐变,置于封面和封底的中间,作为书脊。

（4）插入一层,将其命名为"封底图",选择"文件"菜单→"导入到舞台"命令,选择位图文件 smile3.gif,用"缩放"工具缩放到合适尺寸。在时间轴上按下 Shift 键,右击以上各层的第 55 帧,在弹出菜单中选择"插入帧"命令。

（5）插入一层,将其命名为"内页层",绘制一个矩形,颜色为白色,比封底略小,利用此层的补间形状制作翻书效果。

（6）书在翻动的过程会发生形状变化。单击第 5 帧,插入关键帧（第二个关键帧）,单击"选择"工具指向矩形上、下直线边,拖动将其变成曲线,然后单击"任意变形"工具,缩小矩形的宽度。

（7）单击第 15 帧插入第 3 个关键帧,单击"选择"工具变形书边的弯曲度,并用"任意变形"工具缩放和倾斜书内页。选择"修改"菜单→"形状"→"添加形状提示"命令,分别插入 4 个形状提示,位于书内页的 4 个边角。

（8）单击第 35 帧插入第 4 个关键帧,选中图形,选择"修改"菜单→"变形"→"水平翻转"命令,并将翻转后的图形移动到左侧封面处,在"属性"面板中将填充颜色改为浅红色（♯FFCCCC）,修改形状提示的位置,注意与上一个关键帧相对应,这一步很关键。

（9）单击第 45 帧、第 50 帧插入关键帧,在第 45 帧,用"任意变形"工具,变形图形,填充颜色为浅红色（♯FFCCCC）,第 50 帧与第 1 帧形状相同,颜色为浅红色。

（10）右击每两个关键帧之间某个位置,分别在弹出的快捷菜单中选择"创建补间形状"命令。

（11）单击"场景"链接,返回场景,按下快捷键 F11,打开"库"面板,将相册拖入到场景。按下组合键 Ctrl+Enter,测试 Flash 效果,可看到书页很流畅地翻过。

6. 创建遮罩动画

遮罩层就是将下面的层全部遮住,在遮罩层中添加形状,形状类似于洞,透过洞看到下面层的内容,链接到遮罩层的普通层就是被遮罩层。利用"遮罩"效果,可以制作许多特效,如水波、万花筒、放大镜、望远镜、探照灯等。

【例 4.13】 创建遮罩动画,动画效果为地球不停地旋转,同时还有星空光芒四射,如图 4.43 所示。制作过程如下。

（1）新建一个文档,背景为白色,新建一个元件,"名称"为"地图","类型"为"图形",选择"文件"菜单→"导入到舞台"命令,导入一幅位图地球.jpg;复制、粘贴该位图,顶端对齐,按下组合键 Ctrl+B,分离位图,单击"套索"工具,单击"选项"区域中"魔术棒"功能键,单击位图中的黑色区域,按 Del 键删除,去除黑色背景。

（2）在"属性"面板中,修改文档背景为黑色。新建一个元件,"名称"为"地球","类型"为"影片剪辑",单击"确定"按钮,进入元件编辑状态。

（3）下面利用遮罩层制作动画。将第一层命名为暗地图,打开"库"面板,将地图元件

地图元件：导入一幅位图，复制一幅，水平排列，用"套索"工具，单击"魔术棒"功能，单击黑色区域，去除背景

通过"属性"面板中"颜色"下拉列表中的"高级"选项，改变地图实例的颜色

"地图"层中，第1帧地图在圆的右侧

"地图"层中，第40帧地图在圆的左侧

设置圆为
遮罩层

最顶层绘制了一个圆，"填充"为"线性渐变"，第一个色码值为#006666，Alpha为0，第二个色码值为#006666，Alpha为100

用任意变形工具单击矩形条将变形控制点移动到舞台中心下方

打开"变形"面板，输入"旋转"为10°，连续单击复制并应用变形

第二层，补间设置为"动画"，"旋转"为逆时针，1次

Flash动画播放效果

图 4.43　旋转的地球制作过程

拖入到舞台中，选中地图实例，单击"属性"面板中"色彩效果"选项组的"样式"下拉菜单，选中"高级"，在弹出的对话框中设置相关参数：红为 21%，绿为 25%，蓝为 29%，R 为 0，G 为 81，B 为 92，此时图形颜色为暗绿色。

（4）新建一层，将其命名为"圆 1"，单击"椭圆"工具，按下 Shift 键，绘制一个 100×100（像素）的圆形，打开"对齐"面板，单击"相对于舞台"按钮，使图形与舞台居中对齐。选中"圆 1"图层，在"图层名称"位置右击，在弹出的快捷菜单中，选择"遮罩层"命令，结果为只显示圆形地图部分,其他部分已被遮住。

(5) 两个图层,都有一个锁标志,单击锁标志,取消锁定,单击"暗地图"图层的第40帧,插入关键帧。第1个关键帧处,地图在圆的最左侧,第40帧,将地图移动到圆的最右侧。右击第1帧,在弹出的快捷菜单中选择"创建传统补间"命令。

(6) 新建一层,命名为"地图",将地图元件拖入到舞台中。新建一层,命名为"圆2",绘制一个尺寸100×100(像素)的圆,与舞台居中对齐。在"图层名称"位置右击,选择遮罩层,同理选中"地图层"。单击图层位置的锁标志,取消锁定,单击第40帧插入一个关键帧,第1帧地图在圆的最右侧,到第40帧地图在圆的最左侧。右击第1帧,在弹出的快捷菜单中选择"创建传统补间"命令。

(7) 插入一层,绘制一个尺寸100×100(像素)的圆,与舞台居中对齐,设置"填充"为"径向渐变":♯006666(Alpha:0)至♯006666(Alpha:100)。至此旋转的地球制作完成。

(8) 下面制作星空光芒四射效果。返回场景,绘制一个水平矩形条,尺寸100×3(像素),"填充"为由红(♯FF0000)—橘黄(♯FFCC00)—黄(♯FFFF00)线性渐变。选中图形,按下快捷键F8,将其转换为元件,新建元件,元件"名称"为"光芒","类型"为"图形",双击进入"光芒"元件编辑状态,选中图形,位置x、y为100,0。单击"任意变形"工具,将变形点移动到舞台中间1厘米处,然后打开"变形"面板,设置旋转角度为10°,连续单击"重制选区和变形"按钮。形成光芒的形状,选中所有的图形,进行组合操作。

(9) 返回场景,新建一个元件,"名称"为"光芒四射","类型"为"影片剪辑"。打开"库"面板,将"光芒"元件拖入到第1层,与舞台居中对齐;新建一层,将"光芒"元件再次拖入到第2层,与舞台居中对齐;选择"修改"菜单→"变形"→"水平翻转"命令,单击第20帧,插入关键帧。右击第1帧,在弹出的快捷菜单中选择"创建传统补间"命令,在"属性"面板中设置"旋转"逆时针,1次;右击第2层,在弹出的快捷菜单中,选择"遮罩层"命令,星空光芒四射效果完成。

(10) 返回场景,在第1层打开"库"面板,将地球影片剪辑元件拖入到场景,与舞台居中。新建第2层,将星空光芒四射影片剪辑拖入到场景,与舞台居中对齐,操作完成。

(11) 测试动画。

7. 按钮的制作

按钮可以显示为图像或动画,分别响应不同的鼠标状态,当用户使用鼠标时产生单击、按下或悬停在按钮之上等动作时,按钮都会有不同的显示效果。要使按钮在电影中产生交互,可将按钮符号的实例放置在舞台上,然后给实例分配相应的动作。

【例4.14】 制作网页中的立体按钮。动画效果是:当鼠标经过按钮时,球体跳动,链接的文字出现,单击后进入链接页面,如图4.44所示。制作过程如下。

(1) 网页界面设计。新建一个文档,设置尺寸为1002×615(像素),"背景"颜色为深绿色(♯339900)。单击"钢笔"工具,绘制一个由曲线和直线围成的形状,填充为黑色,新建一层,绘制大小和颜色不同的两个椭圆,将小圆删除,形成空心圆,单击"文本"工具,输入公司名称"绿浪"。新建一层,选择"文件"菜单→"导入到舞台"命令,选择莲花位图(h4.jpg),拖动位图放在舞台的左下角,此步为页面的布局与修饰。

网页界面设计：绘制一个由曲线和直线围成的色块，输入文本，导入位图

立体球体的形状：由两层构成，径向渐变

文本打散后描边

相似的元件可以直接复制，然后修改，例如，先建立bt01，然后复制得到bt02

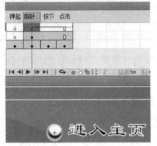

按钮元件的几个状态帧：弹起，鼠标经过，按下，单击

给按钮添加动作

Flash文件播放效果

图 4.44　立体按钮的制作过程

　　(2) 选择"插入"菜单→"新建元件"按钮，"名称"为"球体"，"类型"为"图形"，进入元件编辑状态。单击"椭圆"工具，在"颜色"面板中设置"填充"为由白—黑—灰(♯999999)放射状渐变，按住 Shift 键绘制一个正圆 36×36(像素)。新建一层，复制第 1 层圆形，单击第 2 层第 1 帧，选择"编辑"菜单→"粘贴到当前位置"命令，选中圆形，打开"颜色"面板，设置"填充"为由白色—灰色(♯CCCCCC，Alpha 值：60%)放射状渐变。立体球体制作完成。

　　(3) 新建一个元件，"名称"为"进入主页"，"类型"为"图形"，编辑图形元件，输入文本，两次按下组合键 Ctrl＋B，将文本分离为形状。单击"墨水瓶"工具，设置"笔触"颜色为黄色(♯FFFF00)，单击文本边框，为文本描边。方法同上，建立一个公司简介的图形元件。

　　(4) 新建一个元件，"名称"为"移动的球"，"类型"为"影片剪辑"，进入编辑状态，将"库"面板中的球体元件拖入到舞台中，单击第 10 帧、第 20 帧分别插入关键帧，单击第 10 帧，移动球体实例向上移动一小段距离。在每两个关键帧之间创建传统补间。

　　(5) 新建一个元件，命名为 bt01，"类型"为"按钮"，单击弹起处，将"库"面板中的"球体"图形元件拖入到舞台中。在"指针经过"处、"按下"处插入关键帧，把帧头置于"指针经过"处,单击"球体"实例,在"属性"面板中单击"交换"按钮,将"球体"实例交换为"移动的球体"实例(为影片剪辑),新建一层,在"指针经过"处插入空白关键帧,将"库"面板中"进入主页"元件拖入到舞台中,激活第一层,单击"点击"处,绘制一个矩形块将按钮和文本区域包含在内(点击区域为响应鼠标的区域,此区域在电影中不可见)。如果不指定点击区域,那么响应鼠标的区域只是第1帧的球体部分。此时,可单击时间轴下方的"编辑多个帧"按钮(又称为洋葱皮),查看各帧的状态。

(6)建立 bt02 的按钮元件。对于相似的元件可以直接复制,然后修改文本部分即可。

(7)返回场景,将"库"面板中的两个按钮元件拖入到场景,移动到合适的位置。

8. 为动画添加声音

在 Flash 中有两种类型的声音:事件声音和音频流。事件声音必须完全下载后才能开始播放,除非明确停止,否则它将一直连续播放。音频流在前几帧下载了足够的数据后就开始播放;音频流可以通过和时间轴同步以便在 Web 站点上播放。

事件声音一般用于按钮或者是固定动作中的声音。而音频流一般应用于背景音乐、MTV 的制作。

导入声音文件的格式一般有:WAV(仅限 Windows)、Mid、AIFF(仅限 Macintosh)、MP3(Windows 或 Macintosh)等,还可设置声音的效果属性创造更优美的音效。

【例 4.15】 给按钮添加声音效果:当鼠标经过按钮时会发出清脆的声响。制作过程如下。

在上一个实例的基础上,开始给按钮添加声音。首先打开例 4.14 的 Flash 文件。

(1)导入声音。选择"文件"菜单→"导入"→"导入到库"命令,选择文件 notify.wav,单击"打开"按钮,如图 4.45 所示。打开"库"面板,查看导入的音频文件,如图 4.46 所示。

图 4.45 选择要导入的声音文件

（2）双击"库"面板中的按钮元件 bt01，进入按钮编辑状态，新插入一层，命名为"声效"，选择此图层的第 2 帧，即指针经过处，插入一个空白关键帧，然后打开"库"面板，将"库"面板中的声音文件 notify.wav 拖放到舞台中，会发现"音效"层从第 2 帧开始出现了声音的波形线，如图 4.47 所示。

图 4.46　"库"面板　　　　　　　　　图 4.47　给按钮添加声音

（3）在"属性"面板中，将"同步"选项设置为"事件"，如图 4.48 所示，测试动画，当鼠标移动到按钮上时，声效就出现了。

9. 有关声音属性的设置

在"属性"面板中，单击"名称"下拉列表中选择声音文件。

从"效果"下拉框中选择效果选项。

（1）无：不对声音文件应用效果。选择此选项将删除以前应用的效果。

图 4.48　给声音设置属性

（2）左声道/右声道：只在左声道或右声道中播放声音。

（3）从左到右淡出/从右到左淡出：会将声音从一个声道切换到另一个声道。

（4）淡入：在声音的持续时间内逐渐增加音量。

（5）淡出：在声音的持续时间内逐渐减小音量。

（6）自定义：允许使用"编辑封套"创建自定义的声音淡入和淡出点。

从同步下拉列表中选择同步选项。

（7）事件：会将声音和一个事件的发生过程同步起来。事件声音在显示其起始关键帧时开始播放，并独立于时间轴完整播放，即使 SWF 文件停止播放，它也会继续。当播放发布 SWF 文件时，事件声音混合在一起。

（8）开始：与事件选项的功能相近，但是如果声音已经在播放，则新声音实例不会播放。

（9）停止：使指定的声音静音。

（10）数据流：同步声音，以便在 Web 站点上播放。Flash 强制动画和音频流同步。与事件声音不同，音频流的播放时间绝对不会比帧的播放时间长。当发布 SWF 文件时，音频流混合在一起。

（11）重复：为"重复"输入一个值，以指定声音应循环的次数，或者选择"循环"以连续重复声音。对于音频流不建议循环播放。

（12）利用"声音编辑控件"编辑声音：在 Flash 中可以对声音进行一些简单的编辑，比如，控制声音的播放音量、改变声音开始播放和停止播放的位置等。

单击"属性"面板中效果右侧的"编辑声音封套"按钮 ，弹出"编辑封套"对话框，如图 4.49 所示，在此对话框中编辑声音。

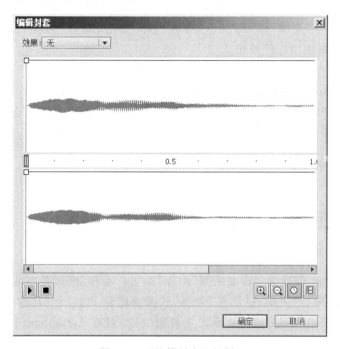

图 4.49　"编辑封套"对话框

- 要改变声音的起始点和终止点，拖动"编辑封套"中的"开始时间"和"停止时间"控件。
- 要改变声音封套，拖动封套手柄来改变声音中不同点处的级别。封套线显示声音播放时的音量。单击封套线可以创建其他封套手柄（总共可达 8 个）。要删除封套手柄，请将其拖出窗口。
- 单击"放大"或"缩小"按钮，可以改变窗口中显示声音的大小。
- 要在秒和帧之间切换时间单位，单击"秒"或"帧"按钮。
- 单击"播放"按钮，可以听编辑后的声音。

（13）输出带声音的动画：如果 Flash 文件中包含有声音，就要考虑采用什么样的格式对声音进行压缩。

在"库"面板中单击声音文件,然后右击,在弹出的快捷菜单中选择"属性",单击压缩格式下拉框,有以下几种压缩格式。

- ADPCM:用于设置 8 位或 16 位声音数据的压缩。导出较短的事件声音(如单击按钮)时,请使用 ADPCM 选项。
- MP3:可以用 MP3 压缩格式导出声音。当导出乐曲这样较长的音频流时,请使用 MP3 选项。
- 原始:压缩选项在导出声音时不进行压缩。
- 语音:使用一个适合于语音的压缩方式导出声音。

【例 4.16】 给页面添加背景音乐,制作过程如下。

在例 4.15 的基础上,添加背景音乐,首先打开例 4.13 的 Flash 文件。

(1) 选择"文件"菜单→"导入"→"导入到库"命令,选择"月亮代表我的心—陶喆.mp3"声音文件,单击"打开"按钮。

(2) 在场景中,插入一层,选中此层的空白关键帧(第 1 帧),将"库"面板中的"月亮代表我的心—陶喆.mp3"拖入到场景中。

(3) 在"属性"面板中设置同步选项为"事件"。最后按下组合键 Ctrl+Enter,测试影片,音乐响起,制作完成。

4.4.5 Flash 动画中的交互控制

在 Flash CS5 中,借助于 ActionScript 来实现程序化的交互动画,如网站广告、网络游戏、Flash Mtv 等。

1. 动作面板介绍

用 ActionScript 进行编程需要用到"动作"面板,"动作"面板是专业编写脚本程序的开发环境。选择"窗口"菜单→"动作"命令,或按快捷键 F9 打开"动作"面板,如图 4.50 所示。"动作"面板由三部分组成:动作工具箱(按类别对 ActionScript 元素进行分组)、脚本导航器(可以快速地在 Flash 文档中的脚本间导航)和脚本窗格(可以在其中输入 ActionScript 代码)。单击动作面板左侧窗格下方的箭头,将显示脚本导航器,单击右侧"脚本助手"按钮 ,显示/隐藏代码提示。

2. 动作脚本基本元素

(1) 分号

动作脚本语句以分号";"结束,例如:

```
Stop();
```

(2) 大括号

动作脚本有时需要将几行代码组合到块中。这就需要使用大括号"{}"。用户可以在与开始代码同一行或下一行上放置一个开始大括号。例如:

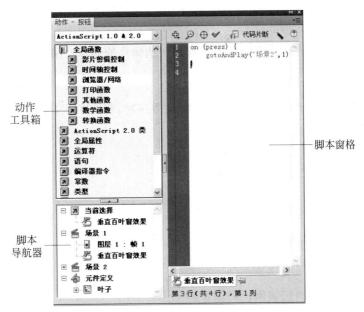

图 4.50 动作按钮面板

```
On(release) {
getURL("index1.htm","_blank");
}
```

3. ActionScript 基本语句

（1）时间轴控制命令

打开"动作"面板，单击"全局函数"→"时间轴控制"选项，可以看到 4 条命令，如图 4.51
所示。下面介绍几条常用的命令。

① goto 命令。

gotoandplay([scene],frame)：将播放磁头转到指定场景
中指定帧并从该帧开始播放；参数 scene([]表示可选参数)：场
景的名称；参数 frame：播放磁头将转到的帧的编号或标签。

图 4.51 时间轴控制命令

gotoandstop([scene],frame)：将播放磁头转到指定场景中指定帧并从该帧停止
播放。

② stopallsounds 命令。

在不停止播放磁头的情况下停止当前正在播放的所有声音。格式为 stopallSounds( )，
括号中无参数。

③ stop 和 play 命令。

play( )播放命令，无参数。

stop( )停止播放命令，无参数。

（2）浏览器/网络命令

打开"动作"面板，单击"全局函数"→"浏览器/网络"命令，可以看到 10 条命令。下面

介绍常用的几种。

① fscommand 命令。

fscommand 是 Flash 与其他应用程序互相传达命令的命令。格式为：

```
fscommand("command","parameters")
```

如通过命令设置 Flash Player 播放器，释放按钮时，将 SWF 文件放大到整个显示器屏幕大小，代码如下：

```
on(release) {
fscommand("fullscreen","true");
}
```

② getURL 命令。

用于建立网页的超级链接，格式为：

```
getURL("url"[,"窗口"][,"变量"])
```

例如单击某个按钮链接到新浪网代码如下：

```
on (press) {
getURL("http://www.sina.com.cn", "_blank");
}
```

"窗口"为可选参数：

```
_self\_blank\_parent\_top
```

"变量"为可选参数，用于发送变量的 GET 或 post 方法。

③ loadMovie 命令。

用于加载外部的 SWF 文件或 JPG 图像文件。格式为

```
loadMovie("url" [,"目标"][, "变量"])
```

例如：

```
on(press){
loadMovie("products.swf",1);
}
```

注意：如果目标参数值为 0，将覆盖本身 Flash 画面，数值为其他值，不会覆盖 Flash 本身的画面。

（3）为按钮实例添加动作

在按钮实例上添加脚本命令语句时，必须先为其添加影片剪辑控制中的 on 事件处理函数。on 事件的语法格式如下：

```
on(鼠标事件){
语句;        //用来响应鼠标事件
}
```

鼠标事件主要包括：press(按下)/release(释放)/rollover(滑过)/rollout(滑离)等。

【例4.17】 添加动作，完成页面的制作，制作过程如下。

在例4.16的基础上，完成页面的制作，首先打开例4.16制作的Flash文件。

(1) 在场景中，选中bt01按钮实例，打开"动作"面板，双击"影片剪辑控制"中的on命令，选择鼠标事件为"释放"，再选择"浏览器/按钮"中getURL命令，输入url地址：index1.htm，其他参数可不设置，如图4.52所示。代码如下：

```
on (release) {
getURL("index1.htm");
}
```

图4.52 给按钮添加动作

(2) 同理，选中bt02按钮实例，其他设置与上一步相同，输入url地址：introduce.htm。

注意：动作可以添加到按钮、电影剪辑、关键帧和空白关键帧中，但不能分配给图形元件和普通帧，鼠标事件只能分配给按钮实例。

任务4.5 制作Flash MTV

本节将讲解例4.1所举Flash MTV的制作过程，动画中通过单击按钮实现播放不同的影片画面和歌曲。实例中综合了图形、文本动画的制作，添加声音文件，利用ActionScript脚本语言实现动画交互，浏览者可以随心所欲地点听自己喜欢的歌曲。制作过程如图4.53所示。

(1) 新建一个文档。大小为770×400(像素)，背景颜色为白色。首先设计背景画面，新建一个层文件夹，将其命名为"画面"，将有关画面布局的图层都放在此层文件夹中。将不同的对象就放在不同的层中，注意层的上下顺序。

(2) 单击"矩形"工具。设置"填充"为白色，"笔触样式"为斑马线，"宽度"为5，"颜色"为#999933，绘制矩形。将矩形整个选中，记下此矩形的位置：x:299,y:132，宽度：340，高度：237，按下组合键Ctrl+G组合图形。

(3) 制作滤镜效果。导入一幅位图wangfei.jpg，将位图置于矩形框内。选中位图，按快捷键F8，转换为元件，"名称"为wangfei，类型为"影片剪辑"，双击进入到编辑状态，选中位图，转换为元件，"类型"为"影片剪辑"(因为滤镜效果只能添加到影片剪辑元件实例)，"名称"为wangfei0，单击第20帧、第40帧，分别插入关键帧，设置创建传统补间，选中第20帧，单击wangfei0实例，单击"属性"面板中的"添加滤镜"按钮，添加调整颜色，亮度：0，对比度：0，饱和度：0，色相：180。

Flash MTV画面布局，图中是一个影片
剪辑，随时间轴有颜色变化效果

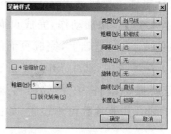

矩形边框笔触的设置：斑马线笔触
高度为5，颜色为#999933

wangfei元件滤镜效果的设置：调整颜色

菲比寻常

logo文字效果：文字第1个关键帧，缩小10%，
旋转180°，补间动画，每一个文字动画延迟
5帧，产生飘的感觉

每个按钮效果：鼠标
经过将出现文字且下
方出现一个灰色矩形条

font1：文本块由
上而下垂直移动

按钮动作的添加

图 4.53　Flash MTV 制作过程

（4）制作文字飘出效果。输入文本"菲比寻常"，按快捷键 F8 将其转换为元件，"名称"为 logo，"类型"为"影片剪辑"，双击进入到影片剪辑编辑状态，按下组合键 Ctrl＋B，分离文本块为单个文本，选择"修改"菜单→"时间轴"→"分散到图层"命令，单击"菲"层第10 帧，插入关键帧；单击第 1 帧，设置创建传统补间，在舞台中选中"菲"，选择"窗口"菜单→"变形"命令，打开"变形"面板，设置长宽比例均为 10%，旋转设置为 180°，将"菲"字拖到画面正上的外部。

（5）单击"比"层，将第 1 个关键帧向后移动到第 5 帧，单击第 15 帧，按快捷键 F6 插入关键帧；单击第 5 帧，设置创建传统补间。在舞台中选中"比"，打开"变形"面板，设置长宽比例均为 10%，旋转设置为 180°，将"比"字拖到画布正上方的外部。其他文字以此类推，选中所有图层的第 30 帧，按下快捷键 F5 插入帧。新建一层，单击第 30 帧，按快捷键 F6 插入空白关键帧，打开"动作"面板，添加动作为 stop()，效果是文字从上方随风飘出，然后静止不动。

（6）返回场景，输入文本为"落入人间的精灵"。选中文本，按快捷键 F8 转换为元件，"名称"为 font0，"类型"为"影片剪辑"，双击进入到影片剪辑编辑状态，将第一个关键帧移动到第 30 帧，单击第 50 帧，插入关键帧，单击第 30 帧，设置创建传统补间，将文本垂直移动到场景外。单击第 50 帧，添加动作为 stop()，效果是文本由上而下落下。

（7）返回场景，绘制一个矩形，填充为橘黄色（♯FFCC00），选中矩形，按下快捷键F8将其转换为元件，"名称"为"按钮01"，"类型"为"按钮"，双击矩形进入元件编辑状态。这个按钮由3层组成，第1层，在指针"经过"、"按下"处，分别插入关键帧。新建一层，单击指针经过处，插入关键帧，再绘制一个"宽度"等于、"高度"小于橘黄色矩形块的矩形，填充颜色为浅灰色（♯CCCCCC），单击"按下处"，插入关键帧。新建一层，单击"指针经过处"，插入空白关键帧，输入文本为"天上人间"。其他两个按钮的制作过程与上一步基本相同，不同之处为输入文本为"誓言"和"旋转的木马"。返回场景，将库中按钮拖入场景中，保存文件名为flashmtv.fla，此文件制作先暂时到此。

（8）在Fireworks处理3幅位图，名称为wangfei01.jpg、wangfei02.jpg和wangfei03.jpg，大小为340×237（像素）。

（9）新建一个文档，大小为770×400（像素），导入位图wangfei01.jpg，位图的x、y位置分别为：299，132。将位图转换为影片剪辑元件。分别单击第20帧、第70帧、第120帧插入关键帧。单击第1帧，选中场景中的实例，在"属性"面板中单击"颜色"下拉框，设置Alpha为0。单击第70帧，选中场景中的实例，单击属性面板中的"添加滤镜"按钮，添加模糊效果，模糊X：10，模糊Y：10。在每两个关键帧之间设置创建传统补间。

（10）选择"文件"菜单→"导入"→"导入到库"命令，导入声音文件"天上人间.mp3"。

（11）新建一层，单击第1帧，在"属性"面板"声音"下拉框，选中"天上人间.mp3"。选择"文件"菜单→"导出"→"导出为影片"命令，名称为wangfei01.swf。

（12）按第（9）～（11）步的方法，同理制作wangfei02.swf、wangfei03.swf，只是位图图像不同、声音文件不同。

（13）打开flashmtv.fla，单击按钮01实例，打开"动作"面板，单击"脚本助手"按钮，单击左侧动作工具箱中的"影片剪辑控制"on命令，在代码提示区域选择"按下"，再选择"浏览器/网络"→"loadmovie"命令，在URL框中输入：wangfei01.swf，"位置"选择"级别"，数值框中输入1，其他默认。给另外两个按钮实例添加同样的动作，不同的是URL的地址为wangfei02.swf、wangfei03.swf。

（14）最后选择"文件"菜单→"导出"→"导出影片"命令，名称为flashmtv.swf，制作完成。浏览swf文件时，单击不同的按钮可欣赏不同的画面和音乐。

单 元 小 结

本单元主要介绍的应用Flash软件制作网页动画特效的技巧包括：
（1）使用Flash创建文本、编辑位图和矢量图形、处理Flash文本特效。
（2）使用Flash创建形状渐变动画和运动渐变动画。
（3）为Flash文件添加声音效果，利用Flash动作面板，制作交互动画。

练 习 题

1. 选择题

(1) 可以放置文档的所有可视资源,其中包括文本、图像、视频和影片的是(   )。

　　A. 舞台　　　　　　B. 时间轴　　　　　　C. 菜单栏　　　　　　D. 工具面板

(2) 下面语句中,不属于跳转语句的是(   )。

　　A. gotoAndPlay　　B. gotoAndStop　　　C. loadMovie　　　D. nextFrame

(3) 使用"选择"工具,放在一个直线段上时会变成一个(   ),可以修改为弧线。

　　A. 方形箭头　　　B. 带圆弧线的箭头　　C. 带弯角的箭头　　D. 空白箭头

2. 简答题

(1) Flash 文档的扩展名是什么?导出默认的 Flash 影片的扩展名是什么?

(2) Flash 动画分为哪几种?有什么区别?

(3) 什么是元件?什么是实例?元件与实例的区别和联系是什么?

(4) 遮罩层的作用是什么?引导层的作用是什么?

上 机 实 训

1. 实训要求

(1) 制作形状渐变动画。要求:根据给定素材,利用形状渐变制作动画效果,效果如图 4.54 所示。

(2) 制作沿路径运动动画。要求:根据给定的素材制作蝴蝶在花丛中左飞右飞的效果,效果如图 4.55 所示。

图 4.54　形状渐变

图 4.55　运动动画

(3) 制作利用遮罩层的动画。要求:利用遮罩层的功能制作霓光灯效果,效果如图 4.56 所示。

(4) 制作 MTV 动画。要求:设计画面,添加声音,利用交互动作,制作流畅的 Flash

MTV,效果如图4.57所示。

图4.56 霓光灯效果

图4.57 Flash MTV

2. 背景知识

将相应的Flash的样图、素材,如音频、视频、位图等文件发送到学生主机中,以供学生参考使用。

3. 实训准备工作

根据本单元所学的Flash的基本知识,同时结合Fireworks的相关知识及书中所讲过的页面布局和修饰的技巧,还要注意色彩在制作过程中的应用等。

4. 课时安排

实训安排课时为6课时,第(1)项和第(2)项实训共为2课时,其余各项实训要求各为2课时。

5. 实训指导

(1) 制作补间形状

① 在第1层使用"绘图"工具,并在"属性"面板中设置填充和笔触效果设计舞台画面,蓝天、青山、笔直的公路,然后分别导入三幅位图car.png、plane.png和bird.png到库中。

② 新建一层,打开"库"面板,将car.png拖入到舞台中,选择"修改"菜单→"位图"选项→"转换位图为矢量图"命令,弹出"转换位图为矢量图"对话框,设置相应的参数,单击"确定"按钮。

③ 用"任意变形"工具缩放图形,在第15帧插入关键帧,将汽车图形移动一些距离。

④ 单击第75帧,插入关键帧,将"库"面板中的plane.png位图拖入舞台中,与car.png位置重合,将car.png删除,将plane.png转换为矢量图。单击第80帧,插入关键帧,将plane.png向上移动一段距离。

　　⑤ 单击第 130 帧，插入关键帧，将"库"面板中的 bird.png 拖入到舞台，与 plane.png 位置重合，将 plane.png 删除，将 bird.png 转换为矢量图，将 bird.png 向上移动一段距离。在每两个关键帧之间创建补间形状。

　　⑥ 选择"文件"菜单→"导出"→"导出影片"命令，制作完成。

　　(2) 制作沿路径运动动画

　　① 导入一幅位图到舞台，将此层命名为背景，大小与文档相同为 550×400(像素)，锁定"背景"层。

　　② 导入 4 张蝴蝶位图到"库"面板，新建一层，将一张蝴蝶位图拖入到场景，放在一个花朵上，按快捷键 F8，将其转换为 fly1 影片剪辑元件。双击进入编辑状态，选中位图，按快捷键 F8，将其转换为 fly1a 图形元件。单击第 3 帧，插入关键帧，选中图形实例，单击"任意变形"工具，纵向缩小图形，单击第 1 帧，设置创建传统补间，效果是蝴蝶快速地扇动翅膀。其他蝴蝶制作的方法相似。共有 4 只蝴蝶，两只大、两只小。

　　③ 返回到场景中，将 4 个蝴蝶元件拖入到场景中，并放在不同的图层中，两只小蝴蝶放在一朵花上，只有一个关键帧，位置不发生变化。

　　④ 另外两只大蝴蝶沿路径运动。两只蝴蝶在不同的层中。插入两个引导层，绘制路径，每一个引导层引导一只蝴蝶的运动轨迹，分别插入若干关键帧，修改不同关键帧处的位置即可，实现在花朵处短时停留，然后飞走效果。最后导出影片。时间轴如图 4.58 所示。

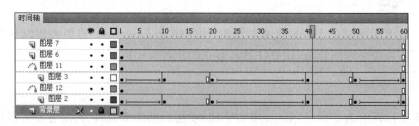

图 4.58　沿路径飞舞的蝴蝶

　　(3) 制作利用遮罩层的动画

　　① 单击"钢笔"工具，绘制一条曲线，转换为图形元件，选中曲线实例，单击"任意变形"工具，将变形基准点移动到左侧的顶点。然后打开"变形"面板，旋转输入 30°，连续单击"重制选区和变形"按钮，形成霓光灯灯架，如图 4.59 所示。此层命名为灯架。

　　② 新建一层，将"灯架"层的关键帧复制到新建的层中。再新建一层，绘制一个填充七彩渐变色的圆，将此层置于中间层，设置创建传统补间，圆从小变大，大到覆盖整个灯架。

　　③ 单击最上层，选中灯架图形，两次按组合键 Ctrl+B，分离图形，选择"修改"菜单→"将线条转换为填充"命令，层的属性设置为遮罩层。动画制作完成。

图 4.59　霓光灯灯架

（4）制作 MTV 动画

① 新建一个文档，尺寸为 800×600（像素），背景为黑色。此文档为主 Flash 文件。设计画面，导入一幅图形，拖入到场景，作为背景图层，锁定图层。

② 新建一层，绘制一个矩形块，颜色为白色，比背景图略小，组合。导入一幅位图，选中位图转换为影片剪辑元件。双击进入影片剪辑的编辑界面，添加滤镜效果，创建传统补间，记住此实例的大小为 336×439（像素）和位置为 X：50，Y：79，导入一幅位图，放在舞台的右下角（树的图像）。

③ 输入文本"天籁之音"，将其转化为影片剪辑元件，制作文字特效随风飘下的效果。

④ 制作按钮，按钮在弹起处是一个静止圆球实例，指针经过处是一个垂直移动的小球，且显示歌曲名称。共有 3 个按钮，分别为按钮 01、按钮 02、按钮 03。

⑤ 新建一个文档，尺寸为 800×600（像素），0 导入一幅位图，将位图拖入到场景，大小为 336×439（像素）和位置为 X：50，Y：79，选中位图，将其转换为影片剪辑元件，双击进入编辑状态，将位图实例转换为影片剪辑（因为要设置滤镜效果，因此必须转换为影片剪辑）。再导入另一幅图像，设置动画效果为位图实例由清晰到模糊然后到完全透明，然后出现另一幅图像，由清晰到模糊到完全透明。利用滤镜效果和 Alpha 值来实现。

⑥ 最后导入声音文件。返回到场景，新建一层，单击第 1 帧处，在"属性"面板中单击"声音"下拉框，选择声音文件名，"效果"为"无"，"同步"为"事件"。导出影片，用同样的方法建立另两个 Flash 文件，导出的 3 个影片文件分别是 yueliang. swf，qingwang. swf 和 xiasha. swf。

⑦ 返回到主 Flash 文件，选中按钮 01，打开"动作"面板，选中"影片剪辑控制"中 on 命令，事件设置为"按下"。选中"浏览器/网络"中 loadmovie 命令，在"URL 框"中输入"yueliang. swf"，"位置"选择"级别"，"数值框"中输入"1"，其他采用默认设置。同理，选中第 2 个按钮及第 3 个按钮，其他与上一步相同，只是在"URL 框"分别输入的是 qingwang. swf 和 xiasha. swf。

⑧ 按组合键 Ctrl＋Enter，测试影片，同时也导出与 Flash 文件同名的影片 mtv. swf，制作完成。

评价内容与标准

评价项目	评价内容	评价标准
使用 Flash 创建图形和文本	（1）使用各工具绘制和编辑矢量对象、文本对象 （2）填充与笔触设置正确	（1）熟练使用各工具绘制和编辑图形、文本对象，正确设置图形及文本的色彩和笔触 （2）灵活地创建运动渐变和形状渐变 （3）掌握使用遮罩层制作动画特效的技巧 （4）掌握导入、使用并输出带声音的动画 （5）熟练使用动作面板 （6）熟练添加动作
创建运动渐变和形状渐变	正确创建运动渐变和形状渐变	
遮罩层的使用	正确使用遮罩层制作特效动画	
创建配音 Flash 动画	（1）正确向文件中添加声音效果 （2）正确导出动画效果图	
使用 Action Script 编程	（1）了解 Actionscript 中的语法 （2）正确使用动作面板 （3）为按钮或关键帧添加动作	

评 分 等 级

优	能高效、高质量完成各项能力的实训，并能独立解决遇到的特殊问题
良	能圆满完成各项能力的实训，偶有个别问题需要老师指导
中	能完成各项能力的实训，但有些问题需要同学和老师的指导
差	不能很好地完成各项能力的实训

成绩评定及学生总结

教师评语及改进意见	学生对实训的总结与意见

网站建设综合实训

随着网络科技的发展，Internet 已经成为企业宣传自己的重要途径之一。拥有一个好的商业网站就是企业最好的名片，如图 5.1 所示。建立商业网站不仅可以让客户了解企业，提高企业的知名度；而且更能突破时空的限制，为企业在网络时代创造更多的商机。

图 5.1   ××××××信息科技有限公司企业网站

【实训总体要求】

通过本次实训的学习，要求达到：

1. 理解掌握设计、制作网站的基本工作流程与方法；

2. 能运用 Fireworks 图像处理软件进行网页版式设计与素材的制作；

3. 能运用 Flash 动画制作软件进行网页素材的制作；

4. 能综合运用 Dreamweaver 网页设计软件，设计制作一个具有一定主题的商业网站，并加以发布，如图 5.1 所示，××××××信息科技有限公司企业网站。

【实训环节】

1. 引入企业实战项目或拟定网站项目主题；
2. 学生依据各自的特点，进行分组，分配相应的角色；
3. 规划与设计网站(提供网站规划方案)；
4. 收集素材；
5. 设计网站平面图和 Flash 动画；
6. 网页制作，完成网站(初稿)；
7. 经过小组相互讨论后，作品修改(初次修改)；
8. 由企业或指导教师审核提出整改意见，再修改(定稿)；
9. 申请域名和空间；
10. 站点上传及站点推广方案。

任务 5.1　规 划 站 点

制作网站首先应规划出一个具体的方案，以此作为下一步工作的依据，它包括以下几个方面。

1. 确定建设网站的目标

创建网站的第一步就是确定网站的目标。本实训要创建的网站是一个小型的商业网站，网站的作用就是要让客户了解该企业的概况、产品信息、相关技术、产品购买方法以及联系方式等。通过该网站能够建立从客户到公司的有效沟通渠道。

2. 分析目标用户对站点的需求

访问该网站的用户主要是已有的客户和潜在的浏览者，所以在制作网站时，要考虑如何为已有的客户提供完善、周到的服务，例如新产品的推广、技术支持、在线订购，同时要考虑如何能吸引到更多的消费群体，并分析这种消费潜力到底有多大。

3. 确定网站风格

在确定了网站的目标和功能之后，接下来就要针对用户需求对网站的风格进行定位。本网站定位于提供企业信息类网站。

本网站所有页面均采用灰色加草绿色的配色方案，严谨中透着文化气息，页面全部采用"T"形布局，顶部为横条网站标志，下方左边为导航条，右边显示具体内容的布局。网页布局如图 5.2 所示。

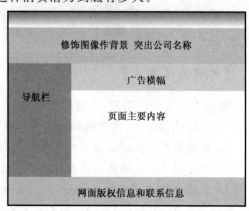

图 5.2　网页布局

4．考虑网络的技术问题

考虑多种浏览器和不同分辨率的兼容性，采用浏览器的分辨率为 1024×768（像素）。运用的技术有 CSS＋Div 排版、模板、Flash 动画等。

任务5.2　素材准备与站点设计

5.2.1　绘制首页草图

在设计首页时应该注意以下几个问题。

（1）框架清晰，重点突出。

（2）色彩搭配既要能够吸引浏览者的注意力，又不要过于花哨，色彩过于浓烈反而容易引起浏览者的反感。

（3）文字和图片相辅相成。

5.2.2　素材准备

有了总体结构后，还要进行如文本、动画、图片、音乐、视频素材等基本素材的收集，这其中有些可以自己制作，比如使用 Fireworks 制作图片、Flash 制作动画等；有些可以通过其他途径获得，比如在网上下载，购买素材光盘等。

本网站中使用的主要素材就是图片，一部分是通过实物拍摄后处理获得的，还有一部分装饰图像是通过素材光盘获得。

任务5.3　网　页　制　作

5.3.1　创建站点

在 Dreamweaver 中，执行"站点"菜单→"新建站点"命令，弹出站点定义对话框，如图 5.3 所示。操作步骤如下。

（1）单击"站点"选项卡，在此定义网站的一些本地信息，如站点名称：综合实例；本地站点文件夹，即指定站点文件的保存位置，在此输入 H:\shili11-1\。

（2）单击"高级设置"选项卡，设置默认图像文件夹为 C:\shili\images。

（3）其他选项选择默认设置。

5.3.2　创建网站结构

1．目录结构

网站的目录结构是指建立网站时创建的目录。目录结构的好坏，对于网站本身的文件上传、维护、未来内容的扩充和移植有着重要的影响。

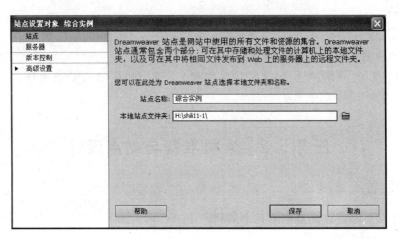

图 5.3　站点定义

将文件分门别类地放在不同的文件夹下,本网站的目录结构如下:

- Images——用于保存图像素材;
- Page——用于存放网页;
- Css——用于存放 CSS 样式文件;
- Flash——用于存放 Flash 动画。

2. 链接结构

网站的链接结构是指页面之间相互链接的拓扑结构。如果把每个页面比喻成一个固定点,那么链接就是两个固定点之间的连线。一个点可以和另一个点连接,也可以和多个点连接。

本网站采用的是最常见的星状链接。所谓星状链接是指每个页面之间都建立链接。星状链接结构的优点是浏览方便,用户可以从当前页面跳转到网站内的任何页面中。网站结构如图 5.4 所示。

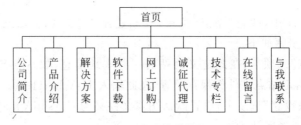

图 5.4　网站的结构图

5.3.3　页面模板的制作

使用模板来创建网站的好处是快速建立具有统一风格的多个网页,提高网站设计与制作的效率。本网站有一组风格相同的 9 个网页,因此,首先制作页面的模板,操作步骤如下。

选择"文件"菜单→"新建"命令,新建一个模板页面,划分模板的锁定区域和可编辑区域。在这个模板中,上、下和左侧是所有网页的共同部分,因此为锁定区域,右侧是每个不同网页的具体部分,创建为可编辑区域,如图5.5所示。模板的编辑过程与普通网页相同。

图5.5　模板区域划分

（1）设置页面属性。单击"属性"面板中"页面属性"按钮,在"页面属性"对话框中,设置字体大小为12像素,页边距均为0,页面标题为"××××××信息科技有限公司"。

（2）采用表格排版模板页面,页面排版过程,略。

（3）创建可编辑区域:将光标置于右侧的单元格中,选择"插入"菜单→"模板对象"选项→"可编辑区域"命令。

至此,页面模板制作完成。

5.3.4　首页的制作

制作过程如下。

（1）选择"文件"菜单→"新建"命令,新建一个网页,将其命名并保存为index.html。打开"资源"面板,选择"模板"选项,将模板文件"moban.dwt"直接拖动到文档窗口,即此网页应用了该模板。

（2）在可编辑区域,插入嵌套表格,然后在单元格中输入文本和图像。

至此,首页制作完成后,将其保存在根目录下。其他页面的制作与首页制作方法相似,只是在可编辑区域输入的文本和内容不同。其中,网上订购页面是一个可提交的表单,这些网页均存放在Pages文件夹中。

5.3.5　添加页面间的链接

网站中的页面已基本做好了,但是它们现在只是一张张散页,还没有形成一个有机的整体。下面就要添加页面间的链接。页面链接的添加是在模板中进行的。

　　打开模板文件 moban. dwt,选中文本"主页",在"属性"面板中,单击链接文本框右侧的"浏览文件"按钮,弹出"选择文件"对话框,选择根目录下的 index. html 文件,此时链接栏地址为".. /index. html"。

　　用同样的方法添加其他链接地址,其他页面的路径与首页有所不同,它们的路径都在 Pages 文件夹中,例如"公司简介:"文本导航的链接地址为".. /pages/introduce. html"。

　　保存模板时,要基于此模板更新所有文件,如图 5.6 所示。

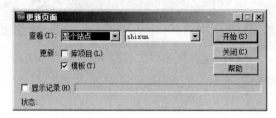

图 5.6　"更新页面"对话框

任务 5.4　Web 服务器的配置

　　本节将详细介绍在本地计算机发布网站的方法,即将本地计算机设置为 Web 服务器。在同一网络中的用户都可以通过浏览器访问此 Web 服务器。如果本地计算机有一个公用的 IP 地址,并设置 DNS 的域名解析,那它就是一个真正意义上可被 Internet 上用户访问的 Web 服务器了。

　　下面以在 Windows XP 中设置 IIS 组件为例,介绍在本地计算机进行网站发布的方法。安装 IIS 的操作步骤如下。

　　(1)启动计算机,将 Windows XP 系统安装盘放入光驱中。

　　(2)选择"开始"菜单→"控制面板"→"添加/删除程序"命令,在弹出的"添加或删除程序"对话框中,单击"添加/删除 Windows 组件"按钮,如图 5.7 所示。

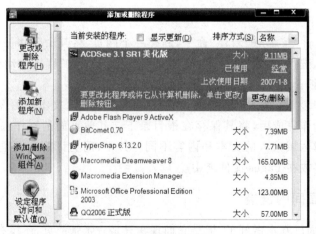

图 5.7　添加/删除程序

（3）弹出"Windows 组件向导"对话框，如图 5.8 所示，选中"Internet 信息服务（IIS）"项，单击"下一步"按钮，Windows 即自动将 IIS 安装到系统中。

图 5.8 添加 IIS 组件

安装完毕，测试 Web 服务器是否安装成功，测试方法有如下几种。

① 在浏览器中输入 http：//localhost（本地计算机测试方法）。

② 在浏览器中输入 http：//127.0.0.1（本地计算机测试方法）。

③ 在浏览器中输入 http：//本地的计算机名称（本地计算机测试和局域网访问方法）。

④ 在浏览器中输入 http：//本机 IP 地址（本地计算机测试和局域网访问方法）。

Web 站点的默认的路径为系统盘：\inetpub\wwwroot，将用户的网站内容放在此根目录下，通过上述测试方法即可访问。

任务 5.5　站点的上传与发布

5.5.1　申请域名和网站空间

网页制作完成，为了让全世界的人都看到，就需要把它放到 Internet 上，并必须申请域名和网站空间。

1. 申请域名

域名是由一串用点分隔的名字组成的 Internet 上某一台计算机或计算机组的名称（单元 1 已经讲述）。域名的注册遵循先申请先注册的原则。目前域名已经成为互联网的品牌、网上商标保护必备的产品之一。申请域名的步骤如下。

（1）确定域名命名：域名名称由字母、数字、横线等构成，有一定的长度限制，域名最好选择长度短、易记的名字，与你所从事的商业有直接关系，或者你的商标或企业名称等。

（2）准备申请资料：com 域名目前无须提供身份证、营业执照等资料，cn 域名目前也已开放了个人注册,但是需要实名认证才能使用。

(3) 寻找域名注册商:寻找信誉高、已经通过 ICANN、CNNIC 双重认证的域名注册商,可同时申请国内域名和国际域名。

(4) 查询域名:在注册商网站点击查询域名,选择你要注册的域名,并单击注册,如其未被其他用户注册,即可申请,否则要更改域名。

(5) 正式申请:查到欲要注册的域名,并且确认域名为可申请的状态后,提交注册,并缴纳年费。

(6) 申请成功:正式申请成功后,即可开始进入 DNS 解析管理、设置解析记录等操作。

2. 申请网站空间

对于大型企业来说,可能会选择自设服务器或主机托管,对于中小型企业或个人网站,常常会选用虚拟主机。本小节的内容是针对中小型企业用户的,可选择虚拟主机。

申请的一般步骤如下。

(1) 首先取一个自己喜欢又容易记住的名字,不要与他人重复,即为账号。

(2) 在申请页面上设定密码并填写一些关于自己和主页的资料,如姓名、身份证号码、E-mail、单位等。

(3) 登录成功,服务器会发一封确认信。过一定时间,就会收到账号开通的邮件,这封邮件中包括 FTP 地址、FTP 账号和密码、免费域名等,这些需记录下来,现在已经成功地申请到了主页空间。

5.5.2　上传和发布站点

主页空间申请成功后,接下来最重要的就是上传网页,供 Internet 上的用户浏览。上传网页的方法有很多种,这里介绍比较常用的 CuteFTP 软件上传。

CuteFTP 是一个基于文件传输协议(FTP)的客户端应用软件,通过它,用户无须知道协议本身的细节,就可以充分利用 FTP 强大的功能,轻松地在全球范围内的远程 FTP 服务器间上传、下载文件。

1. 下载和安装 CuteFTP

首先从网上下载 CuteFTP 安装软件,推荐去华军软件园(www. onlinedown. net)下载和安装,为上传网页做准备。

2. 设置 CuteFTP

打开 CuteFTP,界面如图 5.9 所示,①为远程服务器连接信息;②为本地主机内容;③远程服务器内容;④为正在上传的内容。

单击左上角"站点管理器"按钮 ,弹出"站点设置"对话框,如图 5.10 所示。单击"新建"按钮,输入以下相应的参数。

(1) "站点标签"文本框:用来给服务器起个名称,例如起名叫做"我的主页"。

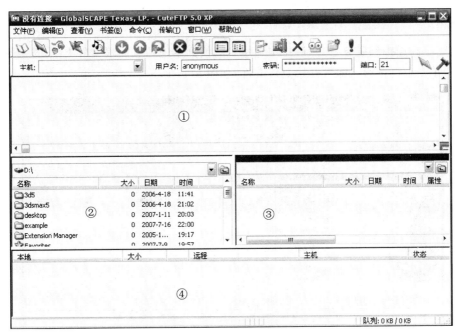

图 5.9 FTP 界面

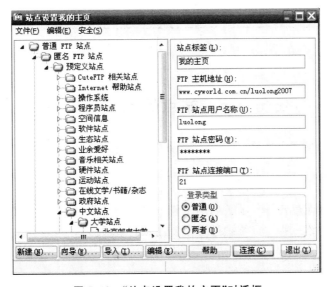

图 5.10 "站点设置我的主页"对话框

（2）"FTP 主机地址"文本框：用来填写服务器所在的位置。

（3）"FTP 站点用户名称"文本框：输入用户 FTP 服务器的账号。

（4）"FTP 站点密码"文本框：输入 FTP 密码。

设置好后，单击"连接"按钮，耐心等待"服务器连接成功"提示即可。

3. 上传文件

确定已经连接到服务器,然后将本地主机切换到本地站点的根文件夹上,选取欲上传的文件,单击上传按钮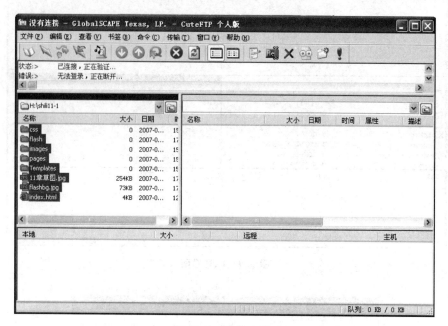即可开始上传文件,如图5.11所示。

图5.11　上传文件

任务5.6　站点的维护与更新

当一个站点发布完成之后,就进入了系统维护和更新阶段。

5.6.1　站点的维护

保持站点有效地运转是一项长期的工作。对于商业网站来讲,对维护工作的要求更严格。在此简要介绍一些站点维护过程中要注意的事项。

1. 保证服务的安全

网站的安全性是网站能够生存的一个必要条件。服务安全不仅要保护用户的数据不被泄露,还要保证服务的有效性。用户能在任何时候得到必要的服务,而且服务的内容同网站的介绍是一致的。

2. 及时回复用户反馈

在企业的 Web 站点上,要认真回复用户的电子邮件、信件、电话垂询和传真,做到有问必答。最好将用户进行分类,如售前一般了解、售中和售后服务等,由相关部门处理,使网站访问者感受到企业的真实存在,产生信任感。

5.6.2 站点的更新

网页浏览者的随意性决定了网站要能够持久地吸引用户,必须要不断地更新内容,使用户保持足够的新鲜度。在内容上要突出时效性和权威性,并且要不断推出新的服务栏目,不能只是在原有的基础上增加和删减,必要时甚至要重新建设。

另外,要持续推广站点,保持公众的新鲜感。可以考虑如下建议。

(1) 在各大搜索引擎上登记自己的网站,让别人可以搜索到网站。

(2) 用 QQ、MSN 等通信工具,把网站地址传给其他潜在访问者。

(3) 可以在 BBS 上做宣传,把网站地址写在签名里。

(4) 多和别的网站互加友情链接。

单 元 小 结

本单元详细介绍了一个网站的建设流程,通过本单元的学习,读者应对网站设计与制作以及后期的上传、更新和维护过程都有了深刻的认识和理解,能够独立设计与制作初具规模的商业网站。

上 机 实 训

1. 实训要求

(1) 网站设计方案的确定。要求:首先确定访客群体的需求特点;其次确定站点结构、配色方案;最后确定网页的布局方案。

(2) 设计网站首页及其他页面。要求:

① 首先使用 Fireworks 绘制首页和其他页面草图。

② 制作网站主页,包括切割图片、制作动画、添加样式、录入文字。

③ 制作其他网页,完善优化网站。

(3) 写出实训报告和提交作品。要求:提交实训报告的电子文档和打印文档,提交作品的电子版。

2. 背景知识

根据本学期所学过的关于网页设计与制作的知识,并结合所学的网络知识,进行商业网站的规划、设计与制作。

3. 实训准备工作

首先要确定网站的主题,然后在 Internet 上准备素材和创作网站。

4．课时安排

实训安排 8 课时,第(1)项要求为 2 个课时,第(2)项要求为 4 个课时,第(3)项要求为 2 个课时。

5．实训指导

(1) 网站设计方案的确定

可根据下面推荐的主题选择网站主题或自定义一个网站主题,如表 5.1 所示。

表 5.1　推荐网站主题

综合门户	娱乐游戏	卡通漫画	网络数码	建筑装饰
美容时尚	手机通信	学校教育	生活购物	服饰品牌
医疗保健	食品饮料	文化艺术	金融财经	休闲体育
交友社区	公司展示	个性展示	儿童宠物	汽车品牌
影视音乐	风景旅游			

首先,确定网站主题;其次,要确定站点结构,并画出网站结构图,确定配色方案,最后确定网页布局。

(2) 设计网站首页及其他页面

① 草图的设计。采用 Fireworks 或 Photoshop 来绘制,可选择采用 Flash 动画、多媒体特效、JavaScript/VBScript 技术、JavaApplet 等技术。

② 主页的制作。创建一个本地站点命名为 www,站点内包含一个子目录 images 作为图像文件夹。

- 修改绘制的主页草图,添加行为,输出为 HTML 文件;
- 制作动画,插入到网页适当的位置;
- 在网页中录入文字;
- 完成主页设计。

③ 内容页制作。

- 规划内容页的版面,可选用模板或框架结构;
- 根据模板或框架结构生成内容页。

④ 添加页面链接。

(3) 站点的测试与上传

- 测试站点:检测网页有无垃圾代码,链接是否准确;
- 站点上传:在 Internet 上,申请免费个人空间;利用 FTP 工具,上传整个站点。打开浏览器,浏览站点是否有误。

(4) 写出实训报告和提交作品

实训报告的内容大致应包括以下几个方面:

① 网站名称及网站的类型;

② 简述网站的建设方案(叙述网站的建设意义所在);

③ 网站的风格及配色方案；

④ 网站的架构设计(画出网站结构图)；

⑤ 首页的设计简述及内容页的设计构思；

⑥ 网站完成后的自查：网站在本地和上传到服务器中有无图片和动画无法显示或链接失效等情况；

⑦ 网站完成后,用户打算如何做进一步的推广,请写出网站的推广方案。

评价内容与标准

评 价 项 目	评 价 内 容	评 价 标 准
规划站点	(1) 站点结构合理清晰、链接结构正确、浏览效率高 (2) 站点目录结构合理、层次分明、便于维护	(1) 站点结构设计合理 (2) 站点内容丰富与主题相符 (3) 站点创建正确 (4) 网页设计精美,巧用多媒体技术点睛网站主题 (5) 网站上传正确 (6) 通过 Internet 能够正确访问
创建站点	(1) 站点创建正确 (2) 按照规划,正确创建站点文件夹 (3) 熟练管理站点及站点资源	
站点的设计与制作	(1) 站点平面设计配色合理、美观大方 (2) 网站内容与主题相符,网页之间链接正确,能够正确使用动画、多媒体等技术	
上传站点和测试站点	(1) 上传站点正确、熟练 (2) 通过 Internet 能够正确访问	

评 分 等 级

优	能高效、高质量完成各项能力的实训,并能独立解决遇到的特殊问题
良	能圆满完成各项能力的实训,偶有个别问题需要老师指导
中	能完成各项能力的实训,但有些问题需要同学和老师的指导
差	不能很好地完成各项能力的实训

成绩评定及学生总结

教师评语及改进意见	学生对实训的总结与意见

参 考 文 献

[1] 王斐. 网页设计 Photoshop,Dreamweaver,Flash 三合一宝典(CS5 版)[M]. 北京：电子工业出版社,2012.

[2] 徐延章. 动态网页设计教程——美工与技术[M]. 北京：机械工业出版社,2011.

[3] 张洪德. 色彩设计搭配手册：平面网页设计师必备色谱[M]. 上海：上海科学技术文献出版社,2006.

[4] (美)Patrick McNeil. 网页设计创意书(卷 2)[M]. 图灵编辑部译. 北京：人民邮电出版社,2011.

[5] 徐延章. 美工与创意——网页设计艺术[M]. 北京：科学出版社,2009.

[6] 王爽,徐仕猛,张晶. 网站设计网页配色：经典网页设计 800 例[M]. 北京：科学出版社,2011.

[7] 周陟. 网页设计解析[M]. 北京：清华大学出版社,2009.

[8] 胡崧,于慧. 新锐网页配色设计案例分析[M]. 北京：中国青年出版社,2007.

[9] 周虹,王咏刚. 优秀网页设计速查与赏析[M]. 北京：电子工业出版社,2006.

[10] 李继先. 网页设计全书——Photoshop CS4＋Fireworks CS4＋Dreamweaver CS4＋Flash CS4＋设计工具[M]. 北京：清华大学出版社,2009.

[11] 旭日东升. 网页设计与配色经典案例解析(第 2 版)[M]. 北京：电子工业出版社,2011.

[12] (美)斯托克斯. 网页的吸引力设计法则(全彩)[M]. 史黛拉译. 北京：电子工业出版社,2011.

[13] 潘基凯,江泓. 大视觉创意宝典——网页设计[M]. 南京：江苏美术出版社,2008.

[14] 唐四薪. 基于 Web 标准的网页设计与制作[M]. 北京：清华大学出版社,2009.

[15] 孙东梅. 网页设计与网站建设完全实用手册[M]. 北京：电子工业出版社,2011.

[16] 唐守国. 创意＋：Photoshop CS4 网页设计、配色与特效案例精粹(配光盘)[M]. 北京：清华大学出版社,2010.

[17] 郭欣. 构建高性能 Web 站点(修订版)[M]. 北京：电子工业出版社,2012.

[18] 淘宝大学. 网店美工[M]. 北京：电子工业出版社,2011.

[19] 温谦,主解程. 别具光芒——CSS 网页布局案例剖析[M]. 北京：人民邮电出版社,2010.

[20] 周虹,王咏刚. 优秀网页设计速查与赏析[M]. 北京：电子工业出版社,2006.